KB123165

모든 것의 시작에 대한 짧고 확실한 지식

우주, 생명, 인간은 어떻게 시작되었을까?

모든
것의
시작에 대한
짧고 확실한
지식

위베르 리브스·조엘 드 로스네·이브 코팡·도미니크 시모네 지음 | 문경자 옮김

갈라파고스

138억 년 전부터
시작된 모험

우리는 어디에서 왔는가? 우리는 누구인가? 우리는 어디로 가는가? 물어볼 만한 가치가 있는 유일한 물음들이다. 누구나 별의 반짝임, 바다의 밀물과 썰물, 누군가의 시선 또는 갓난아기의 미소 속에서 각자 나름대로 해답을 찾아왔다. 왜 우리는 살고 있는가? 세상은 왜 존재하는가? 왜 우리는 여기에 있는가?

지금까지는 종교와 믿음, 신앙이 단 하나의 해답을 제공했다. 그러나 오늘날에는 과학 또한 의견을 제시하게 되었다. 이것은 아마도 이 세기가 획득한 가장 위대한 지식들 가운데 하나일 것이다. 과학이 우리의 기원에 관해 완벽한 이야기를 할 수 있게 된 것이다. 바야흐로 과학이 세계의 역사를 재구성했다.

과학이 발견한 매우 특별한 것은 무엇일까? 바로 138억 년 전부터 계속되어 온 동일한 모험이다. 이 모험을 통해 우주와 생명과 인간은 긴 서사시의 장章들처럼 하나로 묶인다. 또한 빅뱅에서 지성까지, 이것들은 진화의 과정을 거치면서 점점 더 복잡해지는 방향으로 나아갔다. 최초의 입자, 원자, 분자, 별, 세포, 유기체, 생명체들 그리고 우리 인간이라는 이 신기한 동물까지……. 이 모든 것이 하나의 쇠사슬로 연결되어 연이어 나타나고, 하나의 동일한 움직임에 의해 연동된다. 우리는 원숭이와 박테리아의 후손이면서, 천체와 은하의 후손이기도 하다. 우리의 신체를 구성하는 요소들은 오래 전에 우주를 빚어냈던 것들이다. 우리는 진실로 별의 아이들인 것이다.

이런 생각은 예전에 확신하던 생각들을 공격하기 때문에 명백히 질서를 흐트러뜨리고 선입견에 생채기를 낸다. 그렇다. 고대로부터 인식이 발전되면서, 인간이 있어야 할 정당한 자리로 인간을 되돌려 놓으려는 시도는 끊이지 않고 계속되었다. 가령 우리는 우리가 세계의 중심에 있다고 믿지 않았는가? 갈릴레오와 코페르니쿠스, 그리고 또 다른 이들이 우리의 잘못을 깨닫게 해 주었다. 사실 우리는 보잘것없는 은하에 위치한 어느 평범한 행성에 살고 있다는 것을 말이다. 우리는 다른 생물 종들과는 거리가 먼 별개의 독창적인 창조물이라고 생각하지 않았는가? 아아! 다윈은 동물의 진화라는 공통의 나무 위에 우리를 올려놓았다. 따라서 우리는 자신이 우주 구성의 마지막 작품이라 생각하는 당치않은 오만을 한 번 더 꺾어야만 했다.

우리가 지금부터 이야기하려는 것은 가장 진보한 우리의 지식에 비추어 본 세계의 새로운 역사이다. 이 이야기에서 우리는 놀라운 일관성을 발견하게 될 것이다. 물질을 구성하는 요소들이 더 복잡한 구조로 결합한다는 것을 알게 되는 것이다. 그 요소들은 훨씬 더 정교한 조합으로 또 다시 결합되는데, 그것들은 이 거대한 분열을 이루는 각각의 운동들과 동일한 현상을 보인다. 즉 우주 물질을 구성하고, 지구 생명이 활동할 수 있게 하고, 우리의 뇌 속에서 뉴런이 형성되는 과정을 대규모로 조직하는 것은 자연선택 현상이라는 것이다. 마치 진화의 '논리'라도 있는 것만 같다.

이 모든 것 속에 신이 있다고? 간혹 어떤 발견들은 속으로 은밀히 확신하고 있던 것과 일치하기도 한다. 이해한다. 하지만 사람들은 장르를 뒤섞으려 하지 않을 것이다. 과학과 종교는 같은 영역을 관장하지 않는다. 과학은 우리를 배우게 하고 종교는 우리를 가르치려 한다. 과학의 동인은 의심이고, 종교의 토대는 신앙이다. 그렇다고 이런 차이 때문에 과학과 종교가 서로 무관한 것은 아니다. 오히려 세계에 대한 우리의 새로운 역사는 형이상학적이고 영적인 질문을 회피하지 않는다. 한 장의 귀퉁이에서 성서의 빛을 조금 발견하는 이도 있을 것이고, 고대 신화의 메아리를 듣는 사람도 있을 것이다. 심지어 아프리카의 사바나에서 아담과 이브를 마주치는 사람도 있을 것이다. 과학은 토론을 현실화하고 활성화시킨다. 과학은 토론을 죽이지 않는다. 선택은 각자의 몫이다.

우리는 가장 최근의 발견들에 기대어 이야기를 할 것이다. 그 발견들은 태양계를 탐험하는 탐사선, 우주의 깊은 속까지 샅샅이 뒤져보는 우주 망원경, 최초의 시간을 다시 그려 내는 위대한 입자 가속기 등 혁명적인 도구들 덕에 이루어질 수 있었다. 뿐만 아니라 생명이 출현하는 과정을 모의실험하는 컴퓨터들과, 더없이 작아 보이지 않는 것들을 밝혀내는 생명공학, 발생공학, 화학공학 덕택이기도 하다. 또한 최근에 발견된 화석들을 비롯하여 연대를 추정하는 기술이 발전한 결과, 우리는 인간의 조상들이 이동한 경로를 놀라울 만큼 정확하게 재구성할 수 있게 되었다.

우리의 역사는 이러한 최근의 발견들에서 자양분을 얻어 성장하고 있다. 하지만 이 역사는 우리 모두와, 성인이든 청소년이든, 인식 수준이 어느 정도이든, 특히 종교와 무관한 사람들과 관련되어 있다. 이 책에서 우리는 전문가적 태도를 버렸고, 복잡한 용어는 모두 몰아냈다. 그리고 주저 없이 어린아이처럼 순진한 질문을 던졌다. 우리는 빅뱅을 어떻게 알게 되었을까? 크로마뇽인이 무엇을 먹었는지 어떻게 알 수 있을까? 하늘은 밤에 왜 검은색일까? 사람들은 과학자들이 하는 말만 듣고 그들을 믿으려 하지는 않았다.

이제 과학자들은 그 증거를 펼쳐 놓으라는 요청을 받고 있다.

학문의 각 분야는 제각기 기원을 탐구한다. 천체물리학자는 우주의 기원을 추격하고, 생물학자는 생명의 기원을, 고생물학자는 인간의 기원을 탐구한다. 그렇기 때문에 우리의 역사는 대략 138억 년의 시간을 휩쓸어 우주, 생명, 인간이라는 3막짜리 드라마처럼 전개된다. 각각의 막은 다시 3개의 장으로 이루어진다. 연대순에 따라 펼쳐지는 기나긴 모험을 다룬 이 무대 위에는 생물과 무생물 모두가 배우로 등장한다. 우리는 질문을 던지고 각 질문에 대해 프랑스 최고의 전문가 세 사람이 나누는 대화를 통해 이 배우들을 뒤따라갈 것이다. 몇 년 전, 우리 네 사람은 《엑스프레스》에 첫 번째 대화를 개괄적으로 기술했었다. 그 글 덕분에 잡지는 꽤 호평을 받았고, 이때의 경험은 우리에게 책을 쓰고자 하는 의욕을 불어넣었다. 몇 차례 저녁 모임을 가지고 여름 한 철을 보내면서, 우리는 즐겁게, 또 열정적으로 이 세계의 모험을 추적해 나갔다.

1막. 우리의 역사가 시작되고……. 하지만 진정으로 '시작'이라고 말할 수 있을까? 시초라는 개념을 따지는 것이 전혀 부차적이지 않다는 것을 알게 될 것이다. 이 개념은 형이상학적 논란의 한가운데에 있으며, 시간에 관해 매력적인 질문을 제기한다. 우리는 과학이 가닿을 수 있는 가장 먼 과거, 즉 138억 년 전의 유명한 빅뱅, 별을 앞지르는 저 어두운 빛을 통해 그 시초에 접근할 것이다. 그리고 어린아이들이 하듯이, 다음과 같은 적절한 의문을 던져 볼 것이다. "그전에 무슨 일이 있었지?"

이 '처음'부터 빛을 방출하는 뜨거운 물질은 지금도 여전히 우리의 운명을 주관하는 놀라운 힘들의 영향 아래 능숙하게 조직되고 있다. 그 놀라운 힘들은 어디서 왔을까? 그 주변에서는 모든 것이 변화하는데도 왜 그 힘들은 확고부동한가? 우리가 이야기를 하는 동안에도 내내 그 힘들은 우주의 거대한 조립을 주도하고 있을 것이다. 그리고 우주가 이완되고 다시 냉각되면서 그 힘들은 별들과 은하들 같은 특이한 결합물을 유발하고, 그 힘들 중 하나의 주변에 멋지게 성공할 행성을 하나 탄생시킨다. 이 신비로운 힘들은 무엇일까? 이 제어할 수 없는 복합적인 움직임은 어디서 비롯되었는가? 그 힘들은 우주보다 앞섰던 것인가?

위베르 리브스가 우리의 이해를 도와줄 것이다. 그는 이러한 주제를 다룬 훌륭한 책을 쓴 저자이자 천체물리학자다. 보기 드물게 친절한 과학자로서 정확성을 갖추었으며, 과학을 대중화하기 위해 힘쓰는 지식 소매상으로서 소박한 성정을 지녔다. 전문가로서 경력을 차곡차곡 채워 가며 자기관리에 힘쓰는 자들과는 거리가 먼 그는 여전히 조촐한 망원경을 들고 소박한 천체 애호가로서 부르고뉴의 하늘을 관찰한다. 그의 정확성과 소박함은 이 때문이 아닐까? 그가 시간의 진짜 척도를 터득한 것은 공간 속에서 멀리, 다시 말해 과거 속에서 멀리 바라본 덕분은 아닐까? 어쨌든 리브스는 곧장 본질에 다가간다. 방정식의 아름다움, 은하의 광채, 바이올린의 탄식, 샤블리산 백포도주의 부드러운 맛 등등. 본질에 아주 가깝게 접근할 수 있는 특권을 가진 자는 그것을 의심할 수 없다. 그의 지혜는 가장된 것이 아니다. 위베르 리브스는 정직한 사람이다. 고집스럽게 과학과 기술, 문화와 자연 사이의 균형을 찾기 위해 연구하며, 우리의 기원을 탐구할 때 그것은 어떤 공식으로도 포착할 수 없고 또 어떤 이론 안에도 갇히지 않는 차원에 있다는 사실을 알고 있다. 그 차원이란 신비로움과 아름다움 앞에서 우리가 느끼는 경이로움이라는 차원이다. 이런 점에서 그는 현재 사라지고 있는 하나의 표본이라 할 수 있다.

45억 년 전, 때마침 적당한 태양으로부터 너무 멀지도 너무 가깝지도 않은 곳에 위치한 이 특별한 행성, 지구에서 2막이 열린다. 물질은 격렬하게 결합 작업을 이어나간다. 지구의 표면, 새로운 도가니 속에서 또 다른 연금술이 시작된다. 분자들이 재생산 가능한 구조로 결합하여 이상한 작은 방울들을 탄생시킨다. 이어서 유기체로 결속된 최초의 세포들은 종류가 다양해지고 그 수도 증식하면서 행성을 점령한다. 그럼으로써 동물의 진화를 작동시키고 생명의 힘을 받아들이게 만든다.

생명의 힘이 무생물에서 생겨났다는 생각은 분명 받아들이기 어려울 것이다. 수 세기 동안 생명의 세계는 너무도 복잡하고 너무도 다양한 것으로, 한마디로 말해 너무도 '지성적인' 것으로 간주되어 왔다. 그렇기 때문에 신이 작은 도움을 주지 않고서는 출현할 수 없다고 여겼다. 그러나 오늘날 질문은 명료해졌다. 생명의 세계는 물질의 진화의 결과이며, 우연의 산물이 아니다. 그렇다면 진화는 어떻게 생식, 성 그리고 그것과 분리불가능한 동반자, 즉 죽음을 '창조'했을까?

조엘 드 로스네는 이러한 질문들에 대답하기에 최적인 사람들 중 하나일 것이다. 과학 박사로 파스퇴르 연구소의 소장이었고 현재 라 빌레트 과학 산업 전시관 관장인 로스네는 생명의 기원에 관한 우리의 지식을 종합하여 한 세대에 깊은 영향을 미친 책을 쓴 선구자들 중 한 사람이다. 유기화학 전공자로서 지식 보급에 열정을 쏟으며 지칠 줄 모르고 대중을 자극하는 그는 언제나 10년은 앞서가면서 전 세계에서 최신 이론을 끌어 모은다. 시스템 이론의 전도자이자 지구적 소통의 개척자이며, 마치 필요한 거리를 두고 동료들보다 지구를 더 잘 보는 법을 알기라도 하는 것처럼, 언제나 생태학과 현대성, 생명의 세계와 기술을 조화시키기 위해 애써 왔다. 그는 기원에 대해 탐구하고자 하는 열정과 연구자로서의 엄격

함 또한 간직하고 있다.

3막에서는 메마른 사바나라는 아름다운 배경 속에서 생명체의 마지막 아바타가 무대 전체를 점령한다. 여기 인간에 대한 진실이 있다. 동물, 포유류, 척추동물, 심지어 영장류……. 우리가 모두 아프리카 원숭이라는 것은 이제 확실한 사실이다. 그러니 우리는 원숭이의 후손인 것이다. 아니, 더 정확히 말하면 옛날에 아프리카에서 처음으로 두 뒷다리로 몸을 일으켜 세우고 동류들보다 더 높은 지점에서 세상을 바라보기 시작했던 저 케케묵은 고대인의 후손이다. 그런데 그는 왜 그렇게 했을까? 어떤 충동이 그를 부채질했길래 그렇게 행동한 것일까?

원숭이를 닮은 우리의 조상을 알게 된 후, 그 사실을 힘겨워하면서도 받아들이려 한 지는 한 세기 조금 더 되었다. 하지만 최근 몇 년간 기원에 관한 학문은 급속하게 진전했고, 그로 인해 우리의 가계도가 심하게 흔들렸다. 심지어 털이 많은 몇몇 종은 그 나무에서 떨어지기도 했으니 말이다. 마침내 3막에서는 시간과 장소를 일치시켜 장면을 연출한다. 바로 인간 희극의 막이다. 마치 물질의 진화와 자리를 교대하고 그 뒤를 잇기라도 한 것처럼, 이번에는 인간이 수백만 년에 걸쳐 진화하고 점점 더 복잡한 사물들을 창조했다. 도구, 사냥, 전쟁, 학문, 예술, (영원한) 사랑 그리고 자기 자신에 대해 스스로 질문을 던지는, 끝없이 인간을 자극하는 저 이상한 성향까지. 이 모든 새로운 것들을 인간은 어떻게 발견했을까? 인간의 뇌는 왜 쉬지 않고 발달해 왔을까? '성공하지' 못한 우리의 조상들은 어떻게 되었을까?

콜레주 드 프랑스의 교수인 이브 코팡은 아주 어렸을 때 고생물학에 빠져버렸다. 어린아이일 때부터 그는 화석을 수집했고, 골 지방의 유적들 앞에서 꿈을 키웠다. 그는 먼 조상들이 이동한 흔적을 찾을 때까지 포기하지 않았고, 기원에 관한 학문이 아프리카에서 가장 위대한 서사시를 쓰고 있던 시기에 이 학문에 입문했다. 이브 코팡은 우리가 아는 뼈 중에서 가장 유명한 뼈를 찾아내기도 했다. 그 시대가 한창 진행 중인 시기에 젊은 나이에 사망한 350만 년 된 오스트랄로피테쿠스, 루시 말이다. 예의바르고 유순한 이 유골 탐구자는 자신의 동료들처럼 인류의 탄생은 우연한 사건이 아니라고 생각했다. 그는 인류의 탄생이 우주의 진보와 동일한 특성을 보이며 그 대미를 장식하는 꽃이 우리라고 생각한다. 또한 그는 동료들과 마찬가지로 시간의 척도를 알고 있다. 인간이 동물성에서 벗어나기 위해 필요했던 수백만 년과 비교했을 때, 수천 년에 걸쳐 형성된 우리의 문명사는 무엇일까? 우리의 복합성을 형성하는 데 필요했던 138억 년이라는 시간 앞에서, 현재 우리의 이 문명이라는 장난은 어떤 가치를 지닐까?

물론 우리의 역사는 끝나지 않았다. 우리의 역사는 이제 시작되었다고 감히 말할 수도 있다. 왜냐하면 복합성은 계속 진행 중이고, 진화는 성큼성큼 질주하고 있는 것 같기 때문이다. 따라서 우리는 최종적인 질문인 '우리는 어디로 가고 있는가?'에 대해 묻지 않고서는 이 기묘한 시대에 대한 이야기를 마무리지을 수 없었다. 화학적이었고 생물학적이었으며 지금은 문화적이 된 우주의 이 긴 모험은 앞으로 어떻게 진행될 것인가? 인간과 생명과 우주의 미래는 어떻게 될까? 물론 학문이 모든 것에 대한 해답을 가지고 있는 것은 아니다. 하지만 몇몇 재미있는 예측을 할 수는 있다. 육체는 어떻게 계속 진화할 것인가? 우주의 발전에 대해 우리는 무엇을 알고 있는가? 다른 형태의 생명체들이 있을까? 그 문제에 대해 우리 네 사람은 맺음말을 대신해 토론을 하려고 한다.

한 가지 주의해 주었으면 하는 점이 있다. 우리는 이 책에서 모든 것이 인과관계의 법칙에 따른다고 설명하려는 유혹을 떨쳐내려 했다. 또한 사물에는 최종적인 목적이 있다는 식의 선입견도 모두 피하고자 했다. 이에 대해 독자의 양해를 구한다. 이해를 돕기 위해서이기는 하지만, 가끔씩 난처한 단어들이 우리 입에서 나오기도 했다. 가령 물질이 '발명한다', 자연이 '제조한다' 또는 우주가 '알고 있다'라고는 말할 수 없는데도 그러한 표현을 써야 할 때가 있었다. 하지만 이러한 '논리'는 확인된 사실을 공적으로 기록한 것일 뿐 다른 의도는 없다. 과학은 어떤 현상이 무슨 의도로 그렇게 된 것인지 판별하려 하지는 않는다. 자기 나름대로 그것을 해석해 보는 것은 각자의 몫이다. 만약 우리의 역사가 본의 아니게 방향성을 가진 것처럼 보인다 하더라도, 우리는 인간의 출현이, 적어도 인간이 이 작은 행성에 출현한 것이 불가항력이었다고 주장할 수는 없다. 우리 인간의 탄생을 축하하기 전에, 진화라는 과정이 얼마나 많은 헛된 발자취들을 쫓아 왔는지 누가 말할 수 있겠는가? 그 결과가 또한 얼마나 빈약했는지 누가 부인할 수 있을까?

그렇다. 그것이 우리의 이야기인 이상, 그것은 분명 세계의 가장 아름다운 역사이다. 우리는 그 역사를 우리 자신의 가장 깊숙한 내면에 간직하고 있다. 우리의 육체는 우주의 원자로 구성되어 있고, 우리의 세포들 속에는 최초의 대양이 극소량 포함되어 있으며, 우리의 유전자는 대부분 우리와 비슷한 영장류의 유전자와 공통되고, 우리의 뇌는 지능이 진화해 온 모든 층을 보유하고 있다. 또 어머니의 뱃속에서 아기가 형성될 때, 저속도 촬영으로 보면 아기는 동물의 진화 과정을 되풀이하면서 성장한다. 세계의 가장 아름다운 역사를 누가 부인할 수 있을까?

하지만 우리가 우리의 기원을 바라보는 시각이 신비롭든 과학적이든, 우리의 확신이 결정론적이든 회의적이든, 종교적이든 불가지론적이든, 이 역사에서 유효한 단 하나의 윤리가 있다. 본질적

인 유일한 사실은 우주의 시선으로 볼 때 우리는 지극히 작은 불
티에 불과하다는 것이다. 부디 그것을 잊지 않는 지혜를 가질 수
있기를 바란다.

도미니크 시모네

차례

3막 인간의 시작

1막

우주의 시작

도미니크 시모네가 묻고
위베르 리브스가 답하다

1장

빅뱅 이전에
무엇이 존재했을까?

> 무대는 온통 하얗고 한없이 넓다. 도처에 온통 무자비한 빛
> 뿐이다. 작열하는 우주의 빛, 아직 의미도 이름도 갖지 못한
> 물질의 혼돈……

'그전에' 무엇이 존재했을까?

어두운 시간 속에서 일어난 빛의 폭발로 우리의 역사는 시작되었고, 수년 전부터 과학은 이 폭발이 우주의 기원이라 말하고 있습니다. 그런데 이 현상에 관심을 갖기 전에 다음과 같은 순진한 질문을 던져 보지 않을 수 없습니다. "그럼 그전에는 무엇이 존재했을까?"

우주의 시작을 거론할 때, 우리가 어쩔 수 없이 맞닥뜨리는 어휘가 기원입니다. 우리에게 '기원'이라는 단어는 시간 속에 위치하는 한 사건을 가리킵니다. 가령 우리의 개인적인 '기원'은 우리의 부모가 사랑을 하고 우리를 임신한 순간입니다. 거기에는 '이전'과 '이후'가 있습니다. 날짜를 지정할 수 있고, 역사의 흐름 속에 그날을 적어넣을 수도 있습니다. 그리고 우리는 세상이 그 순간 이전에도 존재했다는 사실을 받아들입니다.

하지만 지금 우리는 기원들의 기원에 대해 말하고 있습니다. 완전히 최초에 대해서 말입니다.

바로 그것이 큰 차이입니다. 그 차이를 다른 것들과 비슷한 그만그만한 사건으로 간주할 수는 없습니다. 우리의 상황은 마치 신이 세상을 창조하기 전에는 무슨 일을 했는지 의문을 가진 최초의 그리스도교도들과 같습니다. 사람들이 좋아하는 대답은 이것이었죠. "하느님이 스스로 이런 의문을 갖는 자들을 위해 지옥을 마련해 두셨으니……." 그런데 성 아우구스티누스는 여기에 동의하지 않았습니다. 그는 그와 같은 질문의 어려움을 잘 알고 있었어요. 그 질문은 시간이 창조 '이전에' 존재했다는 사실을 전제하는 것이니까요. 그는 "창조는 물질의 창조만이 아니라 시간의 창조까지 포함한다!"고 대답했습니다. 이런 관점은 현대 과학의 관점과 매우 흡사합니다. 공간, 물질, 그리고 시간은 분리할 수 없습니다. 우리의 우주론에서 이 세 가지는 함께 등장합니다. 우주의 기원이 있다면 그것은 곧 시간의 기원입니다. 그러므로 '그 이전'은 없습니다.

"우주의 기원이 있다면"이라고 말씀하시는데, 그렇다면 기원이 있는지 확실하지 않다는 것인가요?

우리는 그것을 모릅니다. 과거 대부분의 과학자들이 그렇게 추정했듯이, 이 세기의 위대한 발견은 우주는 변하지 않는 것이 아니며 영원하지도 않다는 사실입니다. 오늘날 사람들은 모두 그렇게 납득하고 있습니다. 우주에는 어떤 역사가 있습니다. 우주는 압력이 낮아지고 냉각되고 조직화되면서 쉼없이 진화해 왔습니다. 우리는 관찰과 이론들을 통해 시나리오를 재구성하여 시간을 거슬러 올라갈 수 있습니다. 이 덕분에 우리는 138억 년 전으로 추정되는 먼 과거부터 이러한 진화가 계속 진행되어 오고 있었다는 확신을 갖게 되었습니다. 우리는 이제 수많은 과학적 자료들을 가지고 있기에, 우주가 탄생했던 순간의 모습을 그려 볼 수도 있습니다. 우주는 완전히 해체된 상태로, 거기에는 은하도 별들도 분자도 원자도 심지어 원자핵도 없습니다. 온도가 수백경 도에 달하는, 형체 없는 걸쭉한 덩어리에 불과하죠. 이것이 바로 우리가 '빅뱅'이라 불렀던 것입니다.

그렇다면 그전에는 아무 것도 없었습니까?

우리에게는 빅뱅이라는 사건 이전의 시기로 거슬러 올라갈 만한 최소한의 정보도, 과거로 거슬러 올라갈 수 있게 해 주는 최소한의 징표도 없습니다. 이것은 우주가 138억 년 전에 '첫 발을 내디뎠다'는 말일까요? 이 빅뱅은 정말로 기원들의 기원일까요? 우리는 그에 대해 아무것도 모릅니다.

그렇지만 현재 학교에서는 우주가 빛의 엄청난 폭발인 빅뱅으로부터 시작되었다고 가르치고 있습니다. 또한 연구자들은 이와 같은 사실을 몇 년 전부터 되풀이해서 주장하고 있지요.

아마도 우리가 우리의 생각을 제대로 표현하지 못한 데다 사람들도 잘못 이해한 것 같습니다. 만약 우리가 이 사건 이전에 아무것도 없었다고 확신한다면, 시초 혹은 진정한 시작에 대해서도 말할 수 있을 것입니다. 그런데 저렇게 온도가 높으면 우리가 갖고 있는 시간, 공간, 에너지, 온도의 개념들을 더 이상 적용할 수 없습니다. 우리의 법칙들은 더 이상 작용하지 않으며, 우리는 완전히 무장해제되고 맙니다.

그것은 어느 정도 과학자들의 회피 같은데, 그렇지 않은가요? 역사에는 언제나 시작이 있습니다. 지금 우리가 우주의 '역사'에 관한 이야기를 나누고 있는 이상, 역사의 시초를 찾는 것이 터무니없는 일은 아니지요.

확실히 우리가 사는 곳의 역사에는 모두 시작이 있습니다. 하지만 그렇다고 확대하여 적용하는 일은 경계해야 합니다. 볼테르의 큰 시계와 같은 이야기를 해 볼 수도 있습니다. 볼테르는 큰 시계의 존재야말로 이 시계를 만든 시계 제조공의 존재를 입증할 수 있다고 말했지요. 우리 세계의 층위에서는 이런 추론을 완전무결하게 적용할 수 있지만, 이것이 우주의 '큰 시계'에도 적용될까요? 그 점에 대해 저는 확신하지 않습니다. 그렇지만 하이데거가 말했듯이, 우리의 논리가 최고의 심급인지, 지구에 대한 유효한 논증들이 우주 전체에 확대 적용될 수 있는지는 알아야 할 것입니다. 가장 중요하면서 유일한 질문은 우리의 존재에 대한 질문, 현실 세계와 우리의 의식에 대한 질문입니다. "왜 아무것도 없는 게 아니라 무엇인가가 있는가?"라고 라이프니츠는 의문을 가졌습니다. 하지만 그것은 순전히 철학적인 질문으로, 과학은 그 물음에 대답할 능력이 없습니다.

시공간을 인식하기 위한 빅뱅

그렇다면 이 골치 아픈 문제를 피하기 위해, 빅뱅을 공간과 시간의 시초로 정의할 수 있을까요?

그보다는 차라리 빅뱅을, 공간과 시간의 개념을 사용할 수 있게 되는 순간으로 정의합시다. 빅뱅은 실제로 시간과 공간 속에 놓인 우리의 지평입니다. 사실 빅뱅을 우리 역사의 0에 해당하는 순간으로 간주하는 것은 편의상 부득이하게 그렇게 하는 것입니다. 이 점에서 우리는 대양을 마주한 탐험가들이나 마찬가지입니다. 수평선 너머에 과연 무엇인가가 있는지는 보이지 않으니까요.

제가 제대로 이해하고 있다면, 빅뱅은 사실상 세상의 경계를 지시하는 것이 아니라, 우리 인식의 경계를 지시하는 한 방식이 됩니다.

정확히 그렇습니다. 하지만 주의해야 할 점은 그렇다고 우주에 기원이 없다는 결론을 내려서는 안 된다는 것입니다. 한 번 더 말하지만, 우리는 아무것도 알지 못합니다. 간단하게 말하자면 우리의 모험은 138억 년 전에 시작되었다고 봐야 합니다. 앞으로 천천히 구조화되는 이 무한하고 형체 없는 혼돈 속에서 말이죠. 어쨌든 오늘날 과학이 세계를 재구성할 때 빅뱅이 우리 역사의 시작이라 할 수 있습니다.

전문가들이야 빅뱅을 그렇게 기호화하여 추상적으로 말하는 것에 만족할 수 있겠습니다만, 다른 사람들에게는 비유가 필요합니다. 사람들은 흔히 빅뱅을 엄청난 섬광과 함께 폭발하여 우주 공간을 가득 채운 농축된 물질 덩어리로 묘사합니다.

비유는 논리적 근거가 아닙니다. 그렇게 묘사하기 위해서는 두 개의 공간이 존재한다는 것을 전제로 해야 합니다. 한 공간은 물질과 빛으로 가득찬 공간이고, 다른 공간은 차갑고 텅 비어 있는 공간입니다. 전자가 후자로 침입해 들어가야 하는 거죠. 그런데 빅뱅 모델에는 하나의 공간 밖에 없습니다. 물질과 빛이 균일하게 채워져 사방으로 팽창하는, 즉 모든 지점들이 서로에게서 균일하게 멀어지는 단 하나의 공간만 있는 것이죠.

상상하기가 힘들군요. 그렇다면 빅뱅을 시각적으로 어떻게 표현할 수 있을까요?

　꼭 그래야 할 필요가 있다면 이렇게 생각할 수 있겠습니다. 거대하면서 아마도 (확실하지는 않지만) 무한한 어떤 공간의 모든 지점에서 폭발이 일어났다고 말이죠. 물론 상상하기는 힘들 겁니다. 하지만 그것이 놀라운 일일까요? 우리가 이러한 일들을 생각할 때, 우리의 상상력은 부족할 수 있고 우리가 떠올리는 이미지들도 꼭 들어맞지는 않을 수 있습니다.

그럼 신은 어떻게 되나?

무한하든 아니든 그러한 이미지는 성서에서 말하는 "태초에 빛이 있었다"는 세상 창조의 이미지와 잘 어울립니다.

　하지만 다른 점에서 보면, 1930년대 초에 빅뱅 이론이 제기되었을 때 그 유사성 때문에 오랫동안 이론의 신빙성이 의심받았습니다. 교황 비오 12세가 과학이 'Fiat lux'(빛이 있으라!)를 되찾았다고 선언한 이후에 특히 더 그랬죠. 그 당시 모스크바 공산주의

자들의 태도도 의미심장했습니다. 그들은 '교황의 이러한 몰상식'을 완전히 부정했습니다. 이 이론이 역사적 유물론에 내포된 공산주의 신조를 확인시켜 줄 것이라 생각했죠. "레닌이 바로 그 말을 했었다!" 이렇듯 종교적, 정치적으로 회유하려는 시도들이 있었지만, 빅뱅은 마침내 인정받았습니다. 거기에 보태어 수십 년 동안 빅뱅 이론에 유리한 증거들이 계속 축적되었고, 이제 거의 대부분의 천체물리학자들이 빅뱅 이론을 코스모스의 역사에 관한 최고의 시나리오로 인정하고 있습니다. 우주가 같은 장소에 머물러 있다는 정상우주론을 열렬히 옹호하는 영국의 천체물리학자 프레드호일만 제외하고 말입니다. 빅뱅 이론을 조롱하며 이 이론에 '빅뱅'이라는 별칭을 붙인 사람이 바로 호일입니다. 그런데 조롱은 사라지고 그 별칭만 남았죠.

그렇지만 과학이 제 길을 가는 길목에서 종교를 다시 발견하는 것이 터무니없는 일은 아닙니다.

그렇습니다. 과학과 종교의 방식을 혼동하지 않으면 말입니다. 과학은 세계를 이해하려고 합니다. 종교는 (그리고 철학은) 일반적으로 생명에 의미를 부여하는 것을 자기 임무로 삼았습니다. 종교와 철학은 각자 자신의 영토에 머물러 있다는 조건 하에 서로를 일깨워 줍니다. 교회가 세계를 설명하는 자기 방식을 강요하려 들 때마다 갈등이 있었지요. 자신의 적인 신학자들에게 "우리가 어떻게 해야 하늘나라로 가는지 설명해 주시오. 그리고 우리가 하늘이 어떻게 '움직이는지' 당신들에게 말하도록 내버려 두시오" 라고 말했던 갈릴레오를 떠올려 봅시다. 또한 다윈의 이론에 반대하여 성직자들이 맞섰던 것도 떠올려 봅시다. 과학은 가시적이고 지각할 수 있는 사실에 관심을 가질 뿐, 가시 세계 '너머'에 있는 것을 해석할 수 있게 해 주지는 못합니다. 하지만 널리 퍼진 견해와는 다르게 과학은 신을 제외시키지 않습니다. 과학은 신이 존재한다는 것도, 존재하지 않는다는 것도 증명할 수 없습니다. 이런 담론은 과학과 무관합니다.

어찌되었건 그리스도교뿐만 아니라 수많은 신화들도 빛의 폭발을 통해 세상의 창조를 설명하지 않습니까? 아무튼 혼란스럽군요. 그렇지 않나요?

차츰차츰 체계적인 우주로 변해 가는 태초의 혼돈의 이미지는 사실상 전해 내려오는 몇몇 이야기 속에서도 여러 번 발견할 수 있습니다. 그런 이미지는 많은 신앙에서 공통적으로 나타납니다. 이집트인들, 북아메리카 인디언들, 수메르인들에게서 찾아볼 수 있죠. 혼돈은 흔히 물의 이미지, 가령 어둠에 잠긴 대양 같은 것으로 묘사됩니다. 마야의 전통은 "텅 빈 하늘과 깊은 어둠에 잠긴 고요한 바다 외에 아무것도 존재하지 않았다"고 이야기합니다. 바빌로니아의 한 문서는 "지구 전체가 바다였다"고 말합니다. 창세기에서는 "지구는 형체도 없이 텅 비어 있었고, 심해의 표면에는 어둠이 깔려 있었으며, 성령이 넓은 바다 위에서 움직이고 있었다"는 문장을 읽을 수 있습니다. 이러한 혼돈을 알로 비유하는 경우도 많습니다. 언뜻 보기에 알 속에서는 아무 형체도 없는 액체가 병아리가 되니까요. 이것은 우주의 진화를 설명하는 아름다운 이미지라 할 수 있습니다. 중국인들은 알이 둘로 나뉘어 반은 하늘이 되고, 다른 반은 지구를 이루었다고 합니다. 이 신화들 속에서 혼돈은 물과 어둠으로 이루어져 있습니다. 하지만 현대의 우주론에서는 이와는 반대로 열기와 빛에 의해 알이 만들어집니다.

그렇지만 과학적 이야기와 이 신화들 사이의 유사성은 부인할 수 없는 것 같은데요.

우연의 일치일까요? 아니면 직관적으로 안 것일까요? 결국 우리는 이 이야기를 따라가면서 알게 될 것입니다. 우리가 빅뱅의 먼지로 이루어진 것인지에 대해 말이죠. 혹시 우리 안에도 우주에 대한 기억이 남아 있지 않을까요?

역사를 발견하다

우리는 어떻게 최초에 혼돈이 있었고 우주가 진화했다는 생각을 하게 되었을까요?

2,000년 동안, 철학에서 우주는 영원하고 변화하지 않는 것으로 여겨졌습니다. 아리스토텔레스는 이에 대해 자기 의견을 명백하게 표현한 바 있고, 그의 사상은 2,000년 이상 서구를 지배했죠. 그에게 별들은 불멸의 물질로 구성된 것이었고, 하늘의 풍경은 변하지 않고 고정된 것이었습니다. 오늘날 우리는 현대적인 도구들 덕분에 그가 틀렸다는 것을 알고 있습니다. 별들은 태어나 수백만 년 내지 수십억 년을 산 뒤에 소멸합니다. 별들은 핵연료를 연소시켜서 빛을 발하고, 그것이 소진되면 빛이 사그라집니다. 우리는 심지어 별들에게 한 시대를 부여할 수도 있습니다.

하늘이 변화할 수도 있다는 생각을 아무도 발설하지 못했나요?

아닙니다. 그렇게 추정한 철학자들도 있었지만, 그들의 견해는 영향력이 없었습니다. 기원전 1세기 무렵 로마의 철학자였던 루크레티우스는 우주는 아직 청년기에 있다고 주장했습니다. 그는 왜 이렇게 시대에 매우 앞선 확신을 가졌을까요? 루크레티우스는 재치 있는 추론을 했습니다. 이렇게 생각했어요. "나는 어린 시절부터 주위에서 기술들이 완성되는 것을 확인해 왔다. 사람들은 우리가 타는 배의 돛을 더 낫게 만들었고, 점점 더 효율적인 도구들을 발명했으며, 점점 더 정교한 악기들을 제작했다. …… 우주가 영원하다면, 이 모든 진보를 앞으로도 백 배, 천 배, 백만 배 더 실현할 시간이 있을 것이다. 따라서 언젠가는 더 이상 변하지 않는 완성된 세계에서 살게 될 것이다. 그러나 내가 살아 있는 수년 동안에도 이토록 많은 향상을 목격할 수 있었으니, 세계는 마땅히 영원히 존재하지는 않을 것이다……."

재밌는 추론이네요.

오늘날 우주론은 이 추론을 세 개의 확증된 사실을 통해 확인했습니다. 1) 세계는 늘 존재하지 않았다. 2) 세계는 변하고 있다. 3) 그 변화는 가장 비효율적인 것에서 최대한 효율적인 것, 다시 말해 단순함에서 복잡함으로 이행하는 것으로 나타난다.

타임머신을 타고 우주 관찰하기

현대 과학이 근거를 두고 있는 발견들은 어떤 것들입니까?

우리의 도구들, 즉 물리학과 천문학의 도구들 덕분에 우리는 우주의 과거 흔적들을 발견하고 있습니다. 고고학자가 동굴 속에 버려진 화석에서 출발하여 인류의 과거를 재구성하듯이, 우리는 우주의 역사를 재구성할 수 있습니다. 하지만 우리는 역사학자들에 비해 엄청난 이점을 하나 가지고 있습니다. 바로 과거를 직접 볼 수 있다는 것입니다.

어떻게요?

지금 우리의 단계에서 빛은 매우 빠르게, 초속 30만 킬로미터로 이동하고 있습니다. 우주라는 층위에서 보면 이 속도는 가소롭습니다. 빛이 달에서 우리에게 도달하는 데는 1초, 태양으로부터는 8분 걸리지만, 가장 가까운 별에서부터 빛이 나아가는 데는 4년, 직녀(베가)성에서부터는 8년, 몇몇 은하로부터는 수십억 년이 걸립니다. 지금 우리는 망원경을 통해 아주 멀리 떨어진 별들, 예를 들어 퀘이사quasar[1]도 관찰할 수 있으며, 그 광도는 우리 은하 전체의 광도의 만 배에 달합니다. 어떤 별들은 120억 광년 떨어진 곳에 위치해 있습니다. 따라서 우리는 그 별들을 120억 년 전의 상태로 보고 있는 것이죠.

그러니까 당신이 우주의 어느 지역에 망원경을 겨냥하고 고정시킬 때, 당신은 우주 역사의 한 순간을 관찰하는 거로군요.

바로 그렇습니다. 망원경은 일종의 타임머신, 즉 시간을 거슬러 올라가는 기계입니다. 역사학자들은 절대 고대 로마를 관찰할 수 없지만, 천체물리학자들은 정말로 과거를 볼 수 있고 과거의 모습 그대로 별들을 관찰할 수 있습니다. 우리는 오리온 성운을 로마 제국 말기 때 모습으로 보고 있습니다. 맨눈으로 볼 수 있는 안드로메다 은하는 200만 년이나 오래된 이미지입니다. 만약 안드로메다의 거주자가 지금 이 순간 우리의 별을 바라본다면, 그들도 마찬가지로 그만큼 간격을 두고 우리 별을 보고 있는 것입니다. 그들은 최초의 인간들이 살던 지구를 발견하겠죠.

그건 우리가 밤에 관측하는 하늘, 우리에게 보이는 저 무수히 많은 별과 저

---

1 블랙홀이 주변 물질을 집어삼키는 에너지에 의해 형성되는 거대 발광체.

은하들이 환영 내지 과거의 이미지들이 겹친 것에 불과하다는 말인가요?

엄밀히 말하면 우리는 세계의 현재 상태를 절대로 볼 수 없습니다. 당신을 바라볼 때, 제게 보이는 당신은 이미 1억 분의 1초 전 상태의 당신입니다. 빛이 도달하는 데 시간이 걸리기 때문이죠. 1억 분의 1초는 우리의 의식에는 감지되지 않지만, 원자의 차원에서는 매우 긴 시간입니다. 하지만 인간 존재들은 그만큼의 시간 속에서는 사라지지 않기 때문에, 저는 당신이 언제나 거기 그렇게 있으리라는 가설을 세울 수 있습니다. 태양에 대해서도 마찬가지입니다. 태양도 제 빛이 도달하는 8분 동안에는 바뀌지 않습니다. 밤마다 우리가 맨눈으로 볼 수 있는 별들, 우리의 은하계를 구성하는 별들 역시 상대적으로 가까이 있습니다. 그러나 멀리 떨어진 별들, 고성능 망원경으로 탐지할 수 있는 별들의 경우에는 사정이 다릅니다. 120억 광년 거리에서 제가 보고 있는 퀘이사는 오늘날에는 필시 존재하지 않을 것입니다.

그렇다면 훨씬 더 멀리, 훨씬 더 일찍, 저 유명한 지평선인 빅뱅도 볼 수 있을까요?

과거 속으로 더 들어가면 갈수록, 우주는 점점 더 불투명해집니다. 일정한 한계를 넘으면 빛은 더 이상 우리에게 도달할 수 없습니다. 이 지평선은 온도가 대략 3,000도에 달하는 때에 해당합니다. 우리가 약속으로 정한 빅뱅이라는 큰 시계에서, 이때 우주의 나이는 이미 약 30만 살입니다.

빅뱅의 증거들

그러니까 빅뱅은 매우 추상적이군요. 심지어 이게 과학자들의 상상력의 산물은 아닌지, 진정한 실체를 가지기는 한 건지 의심할 수도 있겠습니다.

모든 과학 이론이 그렇듯이 빅뱅 이론도 일련의 관찰과 그것을 수치로 재현할 수 있는 수학 체계(아인슈타인의 일반 상대성 이론)에 근거를 두고 있습니다. 이 이론이 믿을 만하다면, 그것은 이미 몇몇 관찰의 결과를 정확하게 예측하고 그것들이 사실로 확인되었기 때문입니다. 바로 이 점이 빅뱅이 단순히 과학자들의 상상력의 산물이 아니라는 것, 세계의 실제 현실에 가닿아 있다는 것을 증명해 줍니다.

좋습니다. 하지만 그 빅뱅을 볼 수 없다면 어떻게 이것을 묘사하고 기술할 수 있습니까?

　우리는 빅뱅의 수많은 현현顯現들을 봅니다. 1930년 무렵, 미국의 천문학자인 에드윈 허블은 은하들이 그들 간의 거리에 비례하는 속도로 서로에게서 점점 멀어지고 있다는 것을 확인했습니다. 화덕에 넣은 푸딩처럼 말입니다. 부풀어 오를수록 포도알들은 서로 멀어집니다. 이것을 우주의 팽창이라고 부릅니다. 은하 전체에서 이러한 움직임의 속도는 최대 초속 수만 킬로미터에 이릅니다. 아인슈타인의 일반 상대성 이론에 따르면 이러한 팽창은 우주가 점진적으로 냉각되고 있음을 나타냅니다. 우주의 현재 온도는 대략 절대온도[1] 3도, 다시 말해 섭씨 영하 270도입니다. 우주는 약 138억 년 전부터 냉각되고 있지요.

그것을 어떻게 알 수 있습니까?

　영화를 거꾸로 돌리듯이 시나리오를 재구성해 봅시다. 시간을 거슬러 올라가면 갈수록, 은하들은 점점 더 서로 가까워집니다. 우주가 점점 더 촘촘해지고 점점 더 뜨거워지고 점점 더 밝은 빛

1　물질의 특이성에 의존하지 않는 절대적인 온도를 말한다. 1848년 켈빈이 도입한 온도로 켈빈온도라고도 한다.

을 냅니다. 그러다가 138억 년경에는 온도와 밀도가 어마어마한 수치에 도달하는 순간이 옵니다. 그 순간이 바로 우리가 관례적으로 빅뱅이라 부르는 것입니다.

우리의 푸딩은 밀가루 반죽 덩어리 같은 것인가요?

그렇게 비유하는 것은 맞지 않습니다. 우주를 건포도 푸딩으로 비유하는 것은 우주가 오늘날보다 더 작았다는 것을 암시합니다. 그런데 그럴 가능성은 무척 희박합니다. 우주는 무한할 수 있습니다. 처음부터 무한했을 수도 있어요.

잠깐만요! 처음부터 무한한 상태에서 성장하기 시작하는 우주를 어떻게 상상할 수 있습니까?

'성장하다'라는 단어는 무한한 공간에 있어서는 의미가 없습니다. 그냥 몰려 있는 게 퍼진다고 말합시다. 더 잘 이해하려면, 좌우로 무한히 확장되는 눈금자처럼 단 한 차원으로 된 우주를 상상할 수 있습니다. 그 우주가 확장하기 시작한다고, 다시 말해 센티미터 각각의 눈금들이 바로 옆 눈금과 점점 멀어진다고 상상해 봅시다. 그럼 선들의 간격이 점점 벌어져도 자는 여전히 무한할 것입니다.

은하들의 이런 움직임을 발견한 것만이 빅뱅의 유일한 증거는 아니라고 생각하는데요.

다른 증거도 몇 개 있습니다. 우주의 나이를 예로 들어 봅시다. 우주는 여러 가지 방식으로 나이를 측정할 수 있습니다. 은하들의 움직임을 통해서, 별들의 나이(그것들의 빛을 분석하여) 그리고 원자들의 나이(세월이 흐르면서 두각을 나타낸 몇몇 원자들의 크기를 계산하여)를 통해서 말이죠. 빅뱅의 개념은 우주가 가장 늙은 별들과 가장 늙은 원자들보다 더 오래되었다는 것을 의미합니다. 그런데 위의 세 경우에 138억 년에 근접하는 나이들도 발견되었습니다. 이 사실은 우리 이론의 신빙성을 더 높여 줍니다. 그리고 화석들도 있습니다.

우주 공간을 떠돌아다니는 화석들

화석이요? 그 화석이란 게 조개껍질이나 해골은 아니라고 생각합니다만.

제가 말하는 화석이란 코스모스의 가장 오래된 시대의 것으로 추정되는 물리적 현상들과 관련되어 있습니다. 고고학자들이 뼈 조각들을 가지고 그렇게 하듯이, 우리는 이 현상들이 갖고 있는 특징들을 통해 과거를 재구성할 수 있습니다. 예를 들어 우주의 온도가 수천 도에 달했을 때 방출된 '우주배경복사'는 빅뱅의 순간 그 직후에 존재했던 엄청난 빛의 잔해입니다. 우주 속에 균일하게 분산된 창백한 섬광 같은 것이죠. 그것은 밀리미터 단위로 분할되어 있는 무선 파동의 형태를 가지고 있습니다. 그래서 적절한 안테나만 있으면 탐지할 수 있으며, 하늘의 모든 방향에서 우리에게 도달합니다. 이 전자파는 138억 년 전의 코스모스의 이미지로서, 이 세계의 가장 오래된 이미지이기도 합니다.

그렇다면 결국 별과 별 사이의 공간은 텅 비어 있는 것이 아닌가요?

빛은 우리가 '광자'라 부르는 입자들로 구성되어 있습니다. 우주 공간의 1세제곱센티미터마다 약 400개의 빛의 입자들이 있으며, 거의 대부분이 우주의 아주 초창기 시대부터 떠돌아다니고 있는 것들입니다. 나머지 다른 입자들은 별들이 방출한 것이죠.

그 입자들의 수는 어떻게 셀 수 있었나요?

우리는 우주 공간의 온도를 실제로 측정합니다. 특히 우주 탐사선 덕분에 아주 정확하게 측정할 수 있습니다. 바로 절대온도 2.725도입니다. 이때 온도와 광자의 수 사이에는 불가분의 관계가 있습니다. 계산을 해 보면 우리는 우주 공간의 각 1세제곱센티미터 안에 빛의 입자가 403개 들어 있다는 것을 알 수 있습니다. 재미있지 않나요?

정말 흥미롭네요.

덧붙여 말하면, 우리가 실제로 우주배경복사를 관찰했을 때보다 17년 전인 1948년경에 천체물리학자 조지 가모프는 우주배경복사가 존재한다고 예견했습니다. 그에 따르면 이 전파는 빅뱅 이론의 필연적인 결과였습니다.

그러니까 그 이론이 예견했던 것이 오늘날 관찰한 사실과 일치하는 거군요?

허블의 우주망원경 또한 우리에게 많은 확증을 안겨 주었습니다. 최근에 있었던 일을 예로 들면, 우리는 멀리 떨어져 있는 한 은하를 우주가 지금보다 더 뜨거웠던 시기에 속해 있던 상태 그대로 보고 있습니다. 이 망원경 덕분에 우리는 120억 광년 떨어져 있는 은하를 에워싼 광채의 온도를 측정할 수 있었습니다. 우리는 그 온도가 7.6도라는 것을 알게 되었습니다. 그것은 전적으로 이론이 예상한 온도입니다. 이 은하의 빛이 우리에게까지 닿는 시간 동안 온도는 2.7도 떨어졌는데, 이것은 우리가 냉각 중인 우주에서 살고 있다는 것을 증명해 줍니다.

밤은 왜 검은색일까?

다른 논거들도 있습니까?

바로 밤의 검은색입니다. 헬륨 원자들 역시 우주의 화석입니다. 우주에 존재하는 상관적인 그 개체군들은 이론에 부합하며, 과거 우주의 온도가 최소한 100억 도에 달했다는 것을 의미합니다. 또한 밤하늘의 어둠 같은 간접적인 증거들도 있습니다.

어떤 점에서 어두운 밤 하늘이 우주 진화의 증거가 됩니까?

아리스토텔레스가 주장했듯이 별들이 영원하고 변하기 쉬운 것이 아니라면, 별들이 무한한 시간 동안 배출했을 빛의 양 또한 무한할 것입니다. 그러니까 하늘은 어마어마한 빛을 내고 있었을 겁니다. 왜 그럴까요? 이 수수께끼는 수 세기 동안 천문학자들을 괴롭혔습니다. 지금은 하늘이 어두운 것은 별들이 언제나 존재하지는 않았기 때문이라는 것을 알고 있습니다. 특히 별들 사이의 공간이 계속해서 커지고 있다면, 138억 년의 시간은 빛으로 우주를 채우기에 충분히 긴 시간이 아닙니다. 그러므로 밤의 어둠은 우주의 진화를 증명하는 보충 증거가 되는 것입니다.

그리고 또 뭐가 있습니까?

우주가 변화하고 있다는 것을 증명하는 간접적인 또 다른 논거는 일반 상대성 이론에서 직접 얻을 수 있습니다. 1915년에 공식화된 이 이론은 우주가 움직이지 않고 가만히 있는 상태를 허용하지 않습니다. 우주 자체의 방정식이 전하는 메시지를 정확하게 읽을 줄 알았더라면, 아인슈타인은 우주가 진화하고 있다는 것을, 다른 사람들이 발견하기 15년 전에 예측할 수도 있었을 겁니다.

그러니까 오늘날 빅뱅 이론을 반박할 수 있는 것은 없군요?

그보다는 우주 이론들의 시장에서 빅뱅 이론이 월등하게 최상의 선택지라고 말하는 편이 더 정확합니다. 다른 어떤 경쟁 시나리오도 그만큼 단순하고 자연스럽게, 이미 관찰된 인상적인 놀라운 관측들을 총체적으로 설명하지 못합니다. 어떤 시나리오도 그만큼 성공적으로 예측을 한 적이 없는 거지요. 물론 빅뱅이라는 시나리오도 완전히 만족스러운 것은 아니며, 많은 약점과 불분명한 점들을 포함하고 있습니다. 이 프로그램은 망설임과 모색을 거치며 완성되어 가고 있습니다. 우리는 아마도 빅뱅 이론을 계속 수정해 갈 것이며, 더 거대한 도식으로 이 이론을 총괄해 갈 것입니다. 그래도 핵심은 계속 남을 것입니다.

그 핵심이 무엇인가요?

몇 가지 단순한 확인들입니다. 우주는 움직임 없이 가만히 있는 게 아니라 냉각되고 있으며 점점 희박해지고 있다는 것이죠. 하지만 특히 우리에게 핵심적인 정보는, 물질은 점진적으로 조직된다는 것입니다. 가장 오래된 시대의 분자들은 점점 더 완성되어 가는 조직을 만들기 위해 결합합니다. 루크레티우스가 추측했던 것처럼 우리는 '단순한 것'에서 '복합적인 것'으로, 가장 비효율적인 것에서 최대한 효율적인 것으로 나아가고 있습니다. 우주의 역사는 물질이 조직되어 가는 역사입니다.

2장

별들의 탄생,
우주가 조직되다

무대 입장 순서에 따라, 형언할 수 없는 무질서 속에서 미세한 입자들이 입장한다. 이어서 그 입자들이 결합한 결과인 최초의 원자들이 등장한다. 이 원자들 또한 불타오르는 별들 한가운데서 폭발적으로 급격한 결합을 시도한다.

우주의 기본 요소들

복합성의 역사가 시작되었습니다. 우리는 약 138억 년 전 과거의 지평선 상에 와 있습니다. 그때 우주는 무엇으로 이루어져 있었을까요?

우주는 기본 입자들이 균질하게 들어 있는 퓌레 같은 것입니다. 그것은 전자(우리 전류의 그 전자들), 광자(빛의 입자들), 쿼크[1], 중성미자[2] 그리고 중력자[3], 글루온[4] 등으로 불리는 일련의 다른 요소들이 관련되어 있습니다. 우리는 그것들을 '기본적'이라고 부릅니다. 더 작은 요소로 분해할 수 없기 때문에, 적어도 그렇다고 믿고 있기 때문에 그렇습니다.

통상 그것을 최초의 퓌레라고 말하는군요. 그러니까 그 모든 것이 혼합적이고 무질서하고 해체되어 있다는 것을 의미하는 것이죠.

저는 그것을 우리가 어린 시절에 이름 쓰기 놀이를 하느라 사용했던 알파벳 모양의 파스타가 들어 있는 수프와 비교하고 싶습니다. 우주에서 이 문자들은, 다시 말해 기본 입자들은 단어로 결합되고, 이번에는 그 단어들이 모여 문장을 구성하며, 그 문장들 또한 나중에 문단으로, 장으로, 책 등으로 결합될 것입니다. 각 수준에서 요소들은 그보다 상위 수준에서 새로운 구조물을 형성하

---

1 소립자의 복합 모델에서의 기본 구성자. 대부분의 물질은 양성자와 중성자로 이루어져 있는데 이들은 다시 쿼크로 이루어진다.
2 우리 우주를 구성하는 가장 기본적인 입자.
3 중력적 상호작용에서 교환하는 가상의 입자.
4 쿼크들을 엮어 놓는 힘인 강한 상호작용을 전달하는 소립자.

기 위해 재결집합니다. 그리고 그 각각은 그것을 구성하는 요소들이 개별적으로 가지고 있지 않던 속성을 갖게 됩니다. 그것을 '출현 속성'이라고 합니다. 쿼크들이 결합하여 양성자들과 중성자들을 구성합니다. 양성자와 중성자가 모여 원자를 구성하고, 이 원자들은 더 복합적인 분자들을 구성할 것입니다. 이것이 바로 자연의 알파벳들로 이루어진 피라미드입니다.

시간이 얼마나 걸렸습니까?

빅뱅 이후 최초의 100만 분의 10여 초 동안 우주는 쿼크와 글루온의 거대한 마그마 덩어리였습니다. 100만 분의 40초경에, 온도가 10^{12}도(1조) 아래로 떨어지는 순간, 쿼크들은 최초의 핵자, 즉 양성자와 중성자들을 제공하기 위해 결합합니다.

우주의 최초의 1초

정말 정확하군요! 우주의 나이도 계산하기 어려운데 우주의 최초의 1초를, 심지어 최초의 1초의 미세한 부분들까지 어떻게 알 수 있습니까?

최초의 1초가 발생했던 순간이 어떤 모습이든, 그래도 최초의 1초가 문제입니다. 단어의 정확한 의미를 이해해야 합니다. '최초의 1초'는 우주가 100억 도였던 시기를 가리킵니다. 최초의 1초 이전에 우주의 온도는 더 높았습니다. 난관은 이 1초를 대략 138억 년인 우리의 역사 속에 위치시키는 것입니다. 훌륭한 입자가속기들 덕분에 우리는 그 시기에 존재했던 고농도 에너지를 순식간에 재구성할 수 있게 되었습니다. 그 고농도 에너지는 10^{16}도에 해당됩니다. 우주의 시나리오에서, 고농도 에너지가 지배했던 시간은 100만 분의 100만 분의 1초의 시간에 불과했습니다. 그러나 여기서 한 번 더 빅뱅 이론에서만 의미를 갖는 시간 척도가 중요합니다. 그것은 우리가 협의한 큰 시계, 일종의 위치 탐지라 할까요.

그렇지만 우리는 이미 물리학이 한계에 이르렀다는 것, 빅뱅 사건 앞에서 무일푼이 되었다는 것을 확인했습니다.

우리에게는 두 개의 괜찮은 이론이 있습니다. 바로 양자역학과 아인슈타인의 중력이론(일반 상대성 이론)입니다. 양자역학은 입자들이 매우 강한 중력의 장에 빠지지 않는다는 조건하에 입자들의 운동을 기술하는 극도로 정교한 이론이고, 중력이론은 별들의 움직임은 설명할 수 있지만 입자들의 양적 운동에 대해서는 알지 못합니다. 물리학의 한계는 대략 10^{32}도(이것이 '플랑크 온도'[1]입니다)에 위치하고 있습니다. 그 온도에서 입자들은 아주 강한 중력장의 영향을 받습니다. 우리는 더 이상 이 입자들의 속성을 예측하지 못합니다. 또한 아직 아무도 이 문제를 해결하지 못했습니다. 50년 전부터 이것이 우리의 한계입니다. 우리에게는 또 다른 아인슈타인이 필요할 것입니다.

지금으로서는 최초의 1초로 만족합시다. 우주는 왜 퓌레 상태로 남아 있지 않았을까요? 무엇이 우주가 조직되게 부추겼을까요?

입자들의 결합, 그 다음에는 원자들의 결합과 분자들의 결합 그리고 큰 천체 구조들의 결합을 주관했던 것은 물리학의 네 가지 힘들입니다. 핵력[2]은 원자핵들을 결속시킵니다. 전자기력[3]은 원자들의 결합을 보장합니다. 중력은 대규모로 운동들을, 즉 별과 은하들의 운동을 조직합니다. 그리고 약력[4]은 뉴트리노(중성미자)라 불리는 입자들의 차원에서 개입합니다. 하지만 초기에 열은 모든 것

---

1 양자역학에서의 이론적인 온도의 최댓값으로, 현대 과학은 이보다 더 뜨거운 것에 대한 추측은 무의미하다고 간주한다.

2 원자핵 내에 있는 양성자와 중성자 같은 핵자 사이에 작용하는 결합력.

3 전기나 자기에 바탕을 둔 힘을 총칭하는 말.

4 핵이나 소립자 사이에서 일어나는 약한 상호 작용력.

을 분리시키고 구조들이 형성되는 것을 방해합니다. 우리가 생활하는 온도에서 열이 있으면 얼음이 얼지 못하는 것처럼 말입니다. 그러므로 우주는 힘들이 작용을 시작하여 물질이 최초의 결합을 시도할 수 있도록 냉각되어야만 했습니다.

힘은 우리와 함께 있다

그런데 저 유명한 힘들은 어디서 생겨난 것입니까?

형이상학의 끝에 있는 거대한 질문이군요. 왜 힘들이 존재할까요? 그 힘들은 왜 우리가 알아볼 수 있는 수학적 형식을 가지고 있을까요? 현재 우리는 이 힘들이 어디서나, 여기나 우주의 끝에서나 동일하며, 그 힘들이 빅뱅 이후로 거의 조금도 바뀌지 않았다는 사실만 알고 있습니다.

그 힘들이 바뀌지 않았다는 것을 어떻게 알 수 있습니까?

여러 가지 방법으로 확인할 수 있었습니다. 몇 년 전에 가봉에서 광산 기술자들이 매우 독특하게 구성되어 있는 우라늄 매립지를 발견했습니다. 모든 정황으로 보아, 이 광석이 강력한 방사능에 노출되었다는 것을 알 수 있었습니다. 대략 15억 년 전에 이 광산에서 자연발생적으로 일종의 자연적 원자로가 작동되었던 것입니다. 이 원자핵들의 풍부한 양과 우리 원자로의 풍부함을 비교함으로써, 그 시기에 핵력이 정확하게 오늘날과 동일한 특성을 가졌다는 사실을 입증할 수 있었습니다. 이와 마찬가지로 어린 광자들과 늙은 광자들의 속성을 비교함으로써 전자기력이 바뀌었는지 여부도 알 수 있습니다.

어떻게 그렇게 할 수 있습니까?

분광기[1]를 이용해 은하에서 생겨난 철 원자들이 발사한 광자를 탐지할 수 있습니다. 말하자면 120억 년 전부터 떠돌아다니는 '늙은' 광자들이지요.

그 개념은 이해하기 어렵군요. 정말로 오래된 옛 입자들을 찾아서 붙잡는 것입니까?

---

1 빛 따위의 전자파와 입자선을 파장에 따라 스펙트럼 분석하여 그 세기와 파장을 검사하는 장치.

그렇습니다. 그리고 실험실에서 철 전극으로 아크 방전을 일으켜 거기에서 방출되는 '어린' 광자들과 '늙은' 광자들의 속성을 비교해 볼 수 있습니다. 그렇게 한 결과, 입자들의 세대가 저렇게 나뉘는 기간 동안에도 전자기력이 바뀌지 않았다는 사실을 알아냈습니다. 마찬가지로 많은 경핵[1]들을 분석해 보면 중력과 약력이 우주가 100억 도였던 시기 이후로 조금도 변화하지 않았다는 사실을 알 수 있습니다.

그 지점에서 힘들이 변하지 않았다는 것을 어떻게 설명할 수 있습니까?

그 법칙들이 모세의 석판처럼 어떤 석판들 위에 쓰여 있을까요? 아니면 우주 '위에', 플라톤주의자들이 소중하게 여기는 이데아의 세계에 자리 잡고 있을까요? 이런 질문들은 새로운 것이 아닙니다. 2,500년 전부터 사람들은 그에 관한 토론을 이어 왔습니다. 천체물리학의 발달도 이 철학적 논쟁을 해결해 주지는 못한 채, 그것을 화두로 남겨두었습니다. 우리가 말할 수 있는 것은 변화를 멈추지 않는 우주와는 반대로, 물리학의 법칙들은 시간 속에서도 공간 속에서도 바뀌지 않는다는 것뿐입니다. 빅뱅 이론 틀 안에서 그 법칙들은 복합성의 완성을 주도했습니다. 게다가 이 법칙

---

1 질량 수가 25 이하인 원자핵.

들의 속성은 훨씬 더 놀랍습니다. 수학적 정확성을 가진 그것들의 형식과 수치는 특히나 잘 들어맞게 조정된 듯이 보입니다.

어떤 점에서 그것들은 '잘 들어맞게 조정되어' 있습니까?

수학적 시뮬레이션이 그것을 입증해 줍니다. 만약 그 시뮬레이션이 아주 조금이라도 차이가 있었다면, 우주는 최초의 혼돈 상태에서 결코 빠져나오지 못했을 것입니다. 어떤 복잡한 구조도 출현하지 않았을 것입니다. 설탕 분자 하나조차도.

어째서 그렇습니까?

핵력이 아주 약간 더 강했다고 가정해 봅시다. 양성자들은 빠르게 결집하여 중핵들을 이루었을 것입니다. 태양의 수명을 보장하고 지구의 수면을 형성하는 수소는 남아 있지 못했을 것입니다. 현재 우주의 핵력은 몇몇 중핵(탄소와 산소의 원자핵들)을 양산할 수 있을 만큼만 강하며, 수소를 완전히 없앨 만큼 과하지는 않습니다. 훌륭한 배합이지요. 어떤 면에서 복합성, 생명, 의식은 이미 우주의 최초의 시기부터 마치 법칙들의 형식 자체에 기록되어 있었던 것처럼 잠재해 있었다고 말할 수 있습니다. '필연성'으로서가 아니라 가능성으로서 말입니다.

달이 알려 준 것

그것은 귀납적 추론 아닙니까? 오늘날 우리는 그 법칙들이 인간으로의 진화를 이끌어 왔다는 것을 인정하고 있습니다. 그렇지만 이러한 사실 때문에 법칙들이 만들어졌다는 것을 의미하지는 않습니다.

자연에 과연 '의도'가 있는가? 이러한 질문은 아무런 의미가 없습니다. 이것은 과학적 질문이 아니라 철학적이고 종교적인 질문입니다. 개인적으로 저는 의도가 있다는 쪽이지만요. 그렇다면 그 의도는 어떤 형식을 취하고 있을까요? 과연 그 의도는 무엇일까요? 제 관심을 가장 많이 끄는 질문들입니다. 그러나 제게는 답이 없습니다. 우의적으로 이렇게 말할 수는 있을 것입니다. 만약 '자연'(또는 우주, 또는 현실)이 의식을 가진 존재들을 태어나게 할 '의도'가 있었다면, 자연은 정확히 자신이 만들 것을 만들어 냈을 것입니다. 물론 이것은 귀납적 추론이지만, 그렇다 해도 그에 대한 흥미를 없애지는 못합니다.

언제부터 우리는 자연의 법칙들이 존재한다는 것을 알게 되었나요?

    법칙들을 인지하는 데는 매우 많은 세월이 걸렸습니다. 그리스의 철학자들의 말에 따르면, 이들은 이미 코스모스의 완성을 주관했던 '최초의 요소들'을 탐구했습니다. 아리스토텔레스는 세계를 둘로 나누었습니다. '달 아래에 있는'(우리의 것), 나무가 썩고 금속이 녹스는 변화하는 세계와, 완벽하고 변화하지 않으며 영원한 천상의 물체들이 살고 있는 '달 너머'의 공간으로 말입니다.

모든 것이 최고의 세계에서 최선의 상태로 있었겠네요.

    천상의 물체들은 완전하다는 개념은 오랫동안 서양의 사고방식에 영향을 미쳤습니다. 고대 중국인들이 맨눈으로 보고 알게 된 흑점들은 서구에서 갈릴레오 이전에는 언급된 적이 없습니다. "내 눈으로 그것을 볼 때 나는 그것을 믿을 것이다"라는 문장은 거꾸로 뒤집으면 "나는 그것을 믿을 때 그것을 보게 될 것이다"라고 말할 수도 있습니다. 갈릴레오가 망원경으로 처음 달의 산들을 관찰했을 때, 모든 문제는 재고되었습니다. "달은 지구처럼 생겼다. 지구는 하나의 별이다. 두 세계는 존재하지 않는다. 도처에서 단일한 법칙들이 지배하는 단 하나의 세계가 존재한다." 뉴턴은 더 멀리 나아갑니다. 그에게 있어서 사과를 떨어지게 하는 힘과 지구가 태양 주위를 돌듯이 달을 지구의 영향권 아래 붙잡아 두는 힘은 동일합니다. 바로 이것이 이후에 뉴턴이 행성들의 운동을 설명하기 위해 사용하게 될 '만유'인력입니다. 지구물리학의 법칙들은 세계 전체에 적용됩니다.

하지만 그것은 단지 하나의 힘이었는데…….

19세기에 사람들은 솜털을 호박 쪽으로 끌어당기는 전기력을 오래전부터 인지하고 있었습니다. 또한 바늘을 나침반 쪽으로 향하게 하는 자력도요. 많은 물리학자들은 연구를 통해 그것이 사실은 상황에 따라 다른 방식으로 표출되는, 전자기력이라 불리는 힘이었다는 것을 입증했습니다. 20세기에는 핵력과 약력이라는 두 개의 새로운 힘이 발견되었습니다. 1970년경에는 약력과 전자기력 또한 이른바 '전자약력electroweak force'의 표출일 뿐임이 증명되었습니다. 물리학자들은 모든 힘들을 통합하고 싶을 것입니다. 하지만 지금으로서는 꿈에 불과하죠…….

우리 시대에는 두 개의 힘을 발견했습니다. 왜 다른 힘들은 없었을까요?

다른 힘들이 존재할 가능성도 있습니다. 물리학자는 식물학자들이 꽃의 목록을 작성하듯이 힘들의 목록을 작성합니다. 그러나 목록을 다 작성했다고 확인시켜 줄 수 있는 것은 아무것도 없습니다. 제5의 힘이라는 개념이 거론된 적도 있지만, 끝내 인정받지는 못했습니다.

최초의 몇 분

역사의 초기에 이 네 개의 우주의 힘들은 어떻게 생성되었나요?

온도가 많이 높아지면 이때 발생하는 열운동[1]이 형성될 수 있는 모든 구조들을 빠르게 해체시킵니다. 그리고 온도가 낮아지면 그에 따라 힘들은 힘의 서열대로 작용합니다. 먼저 핵력입니다. 우주가 대략 100만분의 20초 정도 되었을 때, 쿼크들은 핵자(중성자와 양성자)를 형성하기 위해 3개씩 3개씩 결합합니다.

왜 3-3 결합인가요?

---

1 물질을 구성하는 개개의 원자, 분자 따위의 입자가 행하는 불규칙한 운동. 열에너지의 본질로 온도가 높아질수록 활발해진다.

입자들은 되는대로 결합합니다. 하지만 어떤 결합들은 지속되지 못합니다. 둘 씩 둘 씩 결합한다면, 그것들이 만든 쌍은 불안정하여 빠르게 해체되고 맙니다. 트리오 중 두 종류만 저항합니다. '업up' 유형의 쿼크 두 개와 '다운down' 유형의 쿼크 하나가 결합하여 양성자 하나를 형성하고, 두 개의 '다운'과 하나의 '업'은 중성자를 형성합니다.[1] 조금 후에 핵력은 이번에는 이 새로운 조직들이 양성자 두 개와 중성자 두 개가 결합되도록 부추겨서 최초의 원자핵, 즉 헬륨핵을 구성할 것입니다. 그때 온도는 100억 도로 내려갔으며, 우주의 나이는 이미 1분 살이었습니다.

최초의 원자핵에 도달하는 데 1분이 걸렸다니!

힘들은 일정한 온도 조건하에서만 드러날 수 있습니다. 물이 일정한 온도에 이르러야 얼음이 되는 것처럼 말입니다. 온도가 너무 높으면 그 힘들은 더 이상 작동하지 않습니다. 너무 낮아도 마찬가지입니다. 이 최초의 몇 분이 지난 뒤, 우주는 다시 차가워졌고 또 다시 핵력은 활동을 제지당했습니다. 당시 우주는 75퍼센트의 수소핵(양성자)과 25퍼센트의 헬륨핵들로 구성되어 있었습니

---

1 물질의 근원을 이루는 소립자 쿼크는 6종 있다. 업(Up), 다운(Down), 참(Charm), 스트레인지(Strange), 바텀(Bottom), 톱(Top)이 그것이다.

다. 물질의 조직이라는 차원에서는, 수십만 년 동안 아무 일도 일어나지 않았습니다.

1분의 동요 뒤에 수십만 년의 기다림이라! 정말 불규칙하고 간헐적인 진화로군요!

복합성이라는 것은 규칙적으로 걸음을 내딛지 않습니다. 온도가 3,000도 아래로 내려가면 전자기력이 작동하기 시작합니다. 이때 전자들은 핵들의 주변 궤도에 올라타고, 수소와 헬륨으로 이루어진 최초의 원자들을 만들어냅니다. 자유롭게 움직이는 전자들이 이렇게 사라지면서 우주가 투명해지는 효과가 발생합니다. 광자들은 더 이상 코스모스의 물질로 충당되지 않습니다. 이 광자들은 공간을 헤매고 떠돌아다니면서 차츰차츰 에너지로 분산됩니다. 우주배경복사를 구성하면서 오늘날에도 늙고 파손된 채 언제나 거기 머물러 있는 것이죠. 뒤이어 진화는 두 번째 휴지기를 갖습니다. 다시 진화가 시작되기 위해서는 1억 년을 더 기다려야 했습니다.

최초의 은하들

이번에는 무엇이 진화에 채찍질을 하게 되나요?

중력의 작용을 받아 그때까지는 균질적이었던 물질이 덩어리를 만들기 시작합니다. 핵들이 전자들을 끌어들였기 때문에 이후로 장은 텅 비어서 대단위의 구조들이 형성될 수 있게 됩니다. 그전에는 물질이 집결하려 시도할 때마다 광자가 전자에 영향을 미쳐 그러한 시도는 신속하게 무력화되었지만요. 그러나 이번에는 그 물질들이 은하들로 응결될 수 있게 됩니다.

하지만 무엇 때문에 그런 일이 벌어졌는지 의문을 한 번 더 갖지 않을 수가 없네요.

우리가 역사적으로 해당 시기에 대해 아는 것이 정말 별로 없다는 점은 인정해야 합니다. 앵글로색슨계 연구자들은 이 시기를 '우주 생성론의 암흑기'로 규정합니다. 코비 위성[1]의 관찰을 통해

---

1   우주배경복사 탐사선으로 1989년에 발사된 인공 위성. 코비 위성은 다양한 지점의 우주배경복사를 관측하여 스펙트럼 분포가 흑체 복사의 특성과 일치한다는 것을 밝혀냈다.

우리는 그 시기에 물질이 완벽하게 균질하지 않으며 또 등온적[1]이지도 않다는 사실을 확인했습니다. 그래서 평균보다 약간 더 밀도가 높은 지역들이 은하들의 '씨앗' 역할을 합니다. 그 지역의 인력引力은 점진적으로 주위 물질을 자신에게 끌어 모읍니다. 덩어리는 갈수록 더 커졌습니다. 이 '눈덩이' 효과 때문에 덩어리들은 더 확대되어 오늘날 우리가 하늘에서 보는 것과 같은 웅장한 은하들을 형성했죠.

그 현상은 도처에서 동시에 발생했습니까? 그렇다면 결국 우주에 사막은 없습니까?

우주는 은하 무리, 은하들, 성단, 개개의 별들로 계층화됩니다. 예를 들어 태양계는 수천억 개의 별로 이루어진 하나의 은하, 즉 전체가 10만 광년 직경의 원반을 이루는 은하수에 속합니다.

우주 속의 먼지 한 톨이라…….

그 먼지가 20여 개의 다른 은하들(그중에 안드로메다와 두 개의

---

1   등온은 온도가 같거나 그런 온도를 뜻하는데, 물리학적으로는 일정한 온도에서 일어나는 과정 또는 그 관계에 관한 것을 의미한다.

마젤란 운䓁이 있다)로 구성된 국지적인 작은 무리의 일부분을 이루며, 그것 자체가 또 처녀자리 성단이라는 더 큰 성단에 통합됩니다. 또 이 성단이 수천 개의 은하들을 다시 규합합니다. 이 슈퍼 성단의 중심에는 우리의 은하계보다 100배는 더 몸집이 큰 거대한 은하가 하나 자리 잡고 있는데, 이 은하가 다른 은하들을 끌어당깁니다. 이것을 식인은하라고 말합니다.

매력적인데요.

10억 광년 이상의 규모에서 우주는 극히 균질합니다. 모든 것이 거의 획일적으로 가득 차 있습니다. 따라서 '사막'은 없으며, 우주의 다른 한 부분보다 어느 부분과 더 흡사한 것은 없습니다.

그렇다면 그 시대에 우주의 모습이 달라지는 거군요.

대략 빅뱅 이후 1억 년이 지난 뒤 우주는 더 이상 초기와 같은 균질한 퓌레의 형태를 띠지 않습니다. 우리가 익히 알고 있는 외관을 갖게 되죠. 100만 배는 더 촘촘한 찬란한 은하의 섬들이 듬성듬성 점점이 흩어져 있는 거대한 공간 말입니다. 그 섬들 내부에서 물질은 중력의 작용 하에 응결되어 천체를 형성하고 이 영향으로 온도가 상승합니다. 이런 방식으로 천체는 주변에서 계속되는 전반적인 냉각 상황에서 벗어납니다. 천체는 다시 뜨거워지고 에너지를 발산하며, 별들은 빛을 발하기 시작합니다. 태양보다 50배는 더 규모가 큰 엄청나게 거대한 별들이 300만 내지 400만 년에 걸쳐서 원자 연료를 소진시키게 될 것입니다. 가장 작은 것들은 수십억 년 동안 살아 있을 것입니다.

별들은 왜 둥근 형태가 되었나요?

중력이 하는 일이 무엇일까요? 중력은 물질을 끌어당깁니다. 모든 요소들이 서로 가장 가까이 있을 수 있는 형태가 바로 공입니다. 그래서 별들도 너무 작지만 않으면 행성들과 마찬가지로 공 모양이 됩니다. 반지름이 100킬로미터 이상 되는 천체의 내부에서는, 물질을 굳어지게 만드는 화학적인 힘들보다 중력이 우세합니다. 그래서 물질은 공 모양을 택할 수밖에 없죠. 달은 둥글고 목성의 위성들 또한 그렇습니다. 반대로 그보다 작은 화성의 위성들은 암석이 많은 덩어리 모양인데, 둥근 모양이 되기에는 중력이 충분하지 못해 공 모양이 아닌 것입니다.

하지만 은하들도 공 모양이 아닙니다. 그건 왜 그럴까요?

회전 때문입니다. 회전이 은하들을 평평하게 만들어 우리가 알고 있는 원반의 형태를 띠게 만드는 것이지요. 지구도 자전 때문에 약간 평평합니다. 태양도요.

별들은 왜 우리 위로 떨어지지 않을까?

별들은 왜 서로를 끌어당기지 않습니까?

뉴턴이 그런 의문을 가졌었지요. 그는 별들이 거대하지만 역시 하나의 물질에 불과하기 때문에 서로를 끌어당긴다고 생각했습니다. 그렇다면 별들은 왜 서로의 위로 떨어지지 않을까요? 달이 지구 위로 떨어져 부서지지 않는 것은 달이 지구 주위를 돌기 때문입니다. 달의 운동에서 생겨난 원심력이 중력과 균형을 이루는 것이지요. 지구와 태양도 마찬가지입니다. 지구가 태양 주위를 돌고 있기 때문에, 우리가 살고 있는 이 행성이 태양 위로 떨어지지 않는 것입니다. 별들의 경우는 어떨까요? 뉴턴은 이 수수께끼를 결코 해결하지 못했습니다.

답은 무엇인가요?

뉴턴의 시대에 사람들은 은하의 존재를 알지 못했습니다. 오늘날 우리는 태양계가 우리 은하수의 중심을 둘러싸고 그 주위를 돌고 있다는 사실을 알고 있습니다. 1,000억 개의 별과 더불어 태양계를 궤도 안에 붙잡아 두고, 이 모두가 은하의 중심부로 떨어지지 않게 해 주는 것이 바로 이 운동입니다.

하지만 그때 은하들이 서로에게로 떨어지지 않게 막아준 것은 무엇일까요? 우리가 아는 한, 우주에는 중심이 없는데 말입니다.

아닙니다. 이번에는 우주의 팽창과 은하들의 일반적인 운동 속에 해답이 있습니다. 우리는 은하들이 서로에게서 멀어지는 것을 관찰할 수 있죠. 이러한 운동의 최초의 원인이 무엇일지 또한 생각해 보아야 할 주제입니다.

그 운동은 얼마 동안 계속되나요?

확실하게 답할 수는 없습니다만, 머리 위에 있는 파란 하늘에 조약돌 하나가 보인다고 상상해 보십시오. 두 가지 가능성이 있습니다. 그 조약돌이 당신을 향해 떨어지고 있는 중이거나, 아니면 위로 올라가고 있는 것입니다. 그럴 경우 무슨 일이 일어날까요?

이 또한 두 가지 가능성이 있습니다. 이 돌은 곧 지구로 떨어지거나, 아니면 지구의 인력에서 벗어나 결코 땅으로 되돌아오지 않을 것입니다. 모든 것은 그 조약돌이 던져졌을 때의 속도에 달려 있습니다. 속도가 초당 11킬로미터 이하라면 조약돌은 다시 떨어지고 그 이상이라면 지구의 인력을 벗어날 것입니다.

그럼 은하들도 마찬가지입니까?

은하들은 우리에게서 멀어지고 있지만, 그 자체에 행사하는 중력 때문에 느리게 움직입니다. 은하들의 인력은 상호작용하는데, 이때 이들의 인력은 은하들의 수와 질량에 따라, 다시 말해 우주 물질의 밀도에 따라 달라집니다. 밀도가 낮으면 은하들은 계속해서 무한히 서로 멀어질 것입니다(이것이 '열린 우주'[1]의 시나리오입니다). 밀도가 높으면, 은하들은 운동의 방향을 반대로 돌려 결국은 서로에게 되돌아갈 것입니다(이것이 '닫힌 우주'의 시나리오입니다). 이것이 벌어질 수 있는 우주의 두 가지 미래입니다.

---

[1] 우주의 미래에 대해 예측하는 우주론에서는 평탄한 우주, 닫힌 우주, 열린 우주라는 세 가지 가능성을 제시한다. 평탄한 우주는 팽창력과 물질의 인력이 어느 선에서 평형을 이루어 일정한 시간이 지난 뒤에는 우주가 고정된 상태로 유지된다는 이론이다. 열린 우주는 우주가 끝없이 불어난다는 이론이며, 닫힌 우주는 우주 팽창이 어느 시점에서 멈추고 빅뱅의 반대 개념인 빅 크런치Big Crunch가 발생해 우주가 수축하여 하나의 점이 된다는 이론이다.

우리 생각은 어느 미래 쪽으로 기울고 있습니까?

첫 번째 쪽입니다. 우주는 계속해서 팽창할 것이고 무한히 냉각될 것입니다. 그렇지만 그 결과는 결정적이지 않습니다. 그래도 어쨌든 우리는 적어도 400억 년 동안은 팽창이 더 지속될 것이라는 사실을 이미 알고 있습니다.

3장

지구가
만들어지다

우주의 사막에서 최초의 분자들은 쉬지 않고 순환하기 시작한다. 이에 소박한 한 은하의 주변부에서 독특한 행성이 하나 생겨난다.

별들의 도가니

무한한 사막, 그리고 여기저기 도처에 별들로 세분화된 은하들의 작은 섬들……. 빅뱅이 일어난 뒤 10억 년이 지나 물질의 퓌레가 조직되었고, 더욱 뚜렷하게 알아볼 수 있도록 모습을 드러냅니다. 모든 것이 안정된 듯이 보이고, 우주도 그 상태로 충분히 남아 있을 수도 있을 것만 같았습니다. 그런데도 한 번 더 진화가 다시 진행됩니다. 왜 그럴까요?

횃불을 이어받는 것은 최초의 별들입니다. 다른 곳에서는 도처에서 우주가 계속 냉각되는데 반해, 최초의 별들에서는 온도가 상당히 상승합니다. 그 별들은 물질을 생성시키는 도가니가 되어서 우주가 진화의 새로운 단계를 건너갈 수 있게 했습니다. 우주의 최초의 몇 순간에 발생했던 결합이 별들 속에서 다시 작동을 시작하게 되죠.

어떻게 보면 그 최초의 별들이 국지적으로 벌어지는 작은 빅뱅들처럼 작동하는 건가요?

어떤 의미에서는 그렇습니다. 별 자체의 무게에 눌려 별이 응축되고 이로 인해 다시 뜨거워지는 것입니다. 온도가 대략 1,000만 도 정도에 이르면 핵력은 다시 '잠에서 깨어납니다.' 이때 빅뱅에서처럼 양성자들이 서로 결합하고 헬륨을 형성합니다.

태초의 우주는 그 단계에서 멈추었던 것으로 기억합니다.

이 핵반응들이 빛의 형태로 우주에 엄청난 양의 에너지를 발산합니다. 별이 반짝이는 거죠. 이와 같이 태양은 45억 년 전부터 수소로 '탄화'[1]를 일으켰습니다. 더 균일한 덩어리의 별들은 훨씬 더 밝게 빛나고, 수백만 년에 걸쳐서 수소를 소진시킵니다. 그러면 별은 다시 수축됩니다. 온도는 1억 도를 넘을 때까지 올라갑니다. 수소가 타고 남은 재인 헬륨이 이번에는 일종의 연료가 됩니다. 온도가 올라감으로써 일련의 핵반응들이 일어나 전대미문의 결합이 이루어집니다. 세 개의 헬륨은 탄소로 결합되고 네 개의 헬륨은 산소로 결합됩니다.

하지만 왜 빅뱅의 순간에는 이러한 반응들이 일어나지 않았나요?

헬륨 세 개의 만남과 융합은 매우 드문 현상입니다. 거기까지 가기 위해서는 많은 시간이 필요합니다. 빅뱅에서는 핵이 활동하는 단계가 몇 분밖에 지속되지 않았습니다. 이 시간은 다량의 탄소를 만들어내기에는 너무 짧습니다. 그런데 이번에는 별들 속에서 수백만 년에 걸쳐 결합이 이루어질 수 있게 됩니다.

그러니까 결국 모든 별들이 제각기 탄소와 산소를 생성해 내기 시작하는 겁

1　유기물을 가열하면 열분해를 거쳐 탄소가 풍부한 물질이 되는데 이를 탄화라고 한다. 목재를 가열하면 목탄이 되는 것이 그 예이다.

니까?

이어지는 수백만 년 동안, 실제로 별들의 중심에는 탄소와 산소로 된 핵들이 모여듭니다. 이 요소들은 이어지는 역사에서 핵심적인 역할을 하게 됩니다. 특이한 원자의 형상을 가진 탄소는 특히 생명이 출현할 때 개입하는 긴 분자들의 사슬을 만드는 데 적합합니다. 산소는 생명에 필수적인 또 다른 요소인 물을 구성하게 되죠.

별들의 부스러기

그동안 별의 수축은 계속되나요?

별의 가스층이 빠르게 팽창하여 붉게 변하는 동안, 별의 중심은 스스로 내려앉으며 적색거성이 됩니다. 10억 도를 넘어가면 별은 더 무거운 원자핵인 철, 아연, 구리, 우라늄, 납, 금 등과 같은 금속의 원자핵들을 생성합니다. 그보다 더 뒤에는 92개의 양성자와 146개의 중성자로 구성된 우라늄까지. 자연에서 우리가 알게 된 100여 개의 원자들은 이렇게 별들 속에서 만들어진 것입니다.

이번에는 오랫동안 지속될 수 있었을 것 같은데요.

그렇지 않습니다. 이제는 별의 중심이 스스로 무너지기 때문입니다. 중심이 무너지면서 원자핵들은 서로 접촉하게 되고 튀어오릅니다. 이로 인해 천체의 폭발을 유도하는 어마어마한 충격파가 발생합니다. 이것이 바로 우리가 10억 개의 태양들처럼 하늘을 환하게 밝히는 섬광, 즉 초신성이라고 부르는 것이죠. 그때 별이 존재하는 동안 내내 안에서 생산했던 귀중한 원소들은 초당 수만 킬로미터의 속도로 우주 공간 속에 내던져집니다. 자연이 최적의 순간에, 즉 불에 타기 직전에 요리를 화덕에서 꺼내기라도 한 것처럼 말입니다.

화덕을 폭파시켜서 말이지요!

이렇게 거대한 별들이 소멸합니다. 그렇지만 그 별들은 응축된 잔류물을 자신이 있던 자리에 남깁니다. 이것이 나중에 중성자별이나 블랙홀이 되지요. 태양처럼 작은 별들도 이보다는 더 천천히 꺼집니다. 그 작은 별들은 격렬하지 않게 자신의 물질들을 밖으로 배출하여 백색왜성으로 변합니다. 점차 식어 가며 더 이상 빛이 나지 않는 별의 시체가 되는 거죠.

죽어가는 별에서 빠져나온 원자들은 어떻게 됩니까?

그 원자들은 우주 공간의 별들 사이를 되는대로 떠돌아다니다가 은하수를 따라 길게 흩어져 있는 큰 구름들과 뒤섞입니다. 우주 공간은 이제 정말 화학 실험실이 됩니다. 전자기력의 영향력 아래에서 전자들은 원자를 형성하기 위해 원자핵들 주변에서 궤도를 그리며 돕니다. 이렇게 형성된 원자들은 다시 더 무거운 분자들로 결합됩니다. 일부 원자들은 한 번에 10여개 이상 다시 결합합니다. 산소와 수소의 결합은 물을 만들고, 질소와 수소는 암모니아를 만듭니다. 심지어 에틸알코올 분자도 발견됩니다. 우리가 마시는 알코올 음료에 들어가는 이 에틸알코올 분자는 탄소 원자 두 개, 수소 원자 여섯 개, 산소 원자 한 개로 이루어져 있습니다. 이 원자들은 나중에 지구에서 생명체를 구성하기 위해 서로 결합하게 되는 원자들과 같은 것입니다. 우리는 정말 무수히 많은 별들로 만들어진 셈입니다.

별들의 무덤

그 시기에 우주에는 가스와 별의 불덩어리들만 있을 뿐 단단한 물질은 아직 없었습니다.

마침내 단단한 물질이 등장합니다. 냉각되면서 규소, 산소, 철과 같이 별에서 생겨난 일부 원자들이 결합하여 최초의 고체 원소인 규산염을 만듭니다. 그것은 수십만 개의 원자들을 함유하고 있는 마이크로미터(1,000분의 1밀리미터)보다 작은 초미세 입자들입니다. 중력은 성간운星間雲[1]에 작용하여 그것들을 스스로 붕괴시키고 새로운 별이 생성되도록 합니다. 그 별들 중 일부는 우리의 별처럼 행성들을 갖게 될 것입니다. 그리고 그 행성들 내부에는 죽은 별들이 만들어 낸 원자들이 들어 있을 것입니다.

그러니까 다른 별이 태어나려면 어떤 별들은 죽어야 하는군요. 이미 우주 공간에서는 새로운 것의 출현이 낡은 것의 죽음을 요구하고 있었네요!

우리 생물계의 원자들은 별들의 도가니 속에서 강제적으로 창조되었고, 별들이 죽음으로써 우주 공간으로 해방되었습니다. 이렇게 별과 원자가 뒤섞인 세대는 빅뱅 이후 수억 년이 지나서야 시작되며, 100억 년 남짓 계속 이어집니다. 우주 공간은 크고 작은

---

1 은하계내성운과 은하계외성운에서 발견되는 가스, 플라스마, 성간물질을 모두 일컫는다.

별들, 어린 별들, 그리고 죽어서 분해됨으로써 새로운 싹이 자라날 수 있게 풍요로운 부식토를 만드는 늙은 별들로 이루어진 일종의 별의 숲이 되는 것이죠. 우리 은하계에서는 매년 평균적으로 3개의 별이 생겨납니다. 그렇기 때문에 꽤 뒤늦은 때인 45억 년 전에 우리와 관계있는 별, 즉 태양이 나선 모양의 우리 은하 주변에서 태어나게 됩니다.

왜 하필 나선 모양인가요?

우리 은하계가 평평한 원반 형태를 갖게 된 것은 중심 주위를 도는 별들이 빠르게 회전하기 때문입니다. 나선 모양이 형성된 근본적인 원인은 중력 현상 때문이지만, 그것에 대해 정확하게 알지는 못합니다. 별이 빛나는 밤을 가로지르는 거대한 아치와 같은 은하수는 중심 주위를 돌면서 원반 모양의 우리 은하에 퍼져 있는 모든 별들의 이미지입니다. 태양계가 우리 은하를 한 바퀴 다 도는 데 대략 2억 년이 걸리죠.

평범한 별

태양과 다른 별들을 구분해 주는 것은 무엇일까요?

그것은 우리 은하계에 있는 완전히 평균적인 별입니다. 1,000억 개의 별들 중에서 적어도 100억 개 정도는 태양과 혼동할 만큼 아주 비슷합니다. 45억 년 전 태양이 은하수의 바깥 팔에서 태어났을 때는 지금보다 훨씬 더 크고 붉었습니다. 태양은 조금씩 수축되면서 노랗게 변하고 내부 온도는 상승했습니다. 1,000만여 년 뒤에는 거대하지만 유량이 통제된 수소폭탄처럼 수소를 헬륨으로 변형시키기 시작했습니다. 이러한 핵융합 현상으로 태양은 안정되고 밝아졌습니다.

그런데도 이 평범한 별은 행성들을 끌어당겨 제 주변에 하나의 체계를 형성시키는 데 성공했습니다.

그것은 아마도 은하계에서 꽤 일반적인 현상일 것입니다. 우리의 제한된 수단으로는 몇몇 경우를 제외하고는 그런 것을 발견하지 못했지만 말입니다. 지구와 같은 행성들은 비교적 최근에 형성되었을 수 있습니다. 태양계 행성들의 고체는 특히 산소와 규소,

마그네슘과 철로 구성되어 있습니다. 이러한 원자들은 연달아 나타나는 별들의 세대의 활동에 의해 점진적으로 형성되었습니다. 성간운에 충분한 양의 원자들이 축적되는 데에는 수십억 년이 걸렸습니다. 우리는 수많은 운석의 나이를 측정했듯이 달의 나이를 측정했습니다. 그 결과 45억 6,000만 년이라는 동일한 수치가 나왔습니다. 태양과 주변의 행성들은 우리 은하계의 나이가 이미 80억 살도 더 되었던 어느 시기에 동시에 출현했습니다.

행성들은 어떻게 만들어집니까?

우리는 그것에 대해 그다지 잘 알지 못합니다. 우주진[1]들이 별의 씨앗들 주변에 배열되고 토성의 고리와 비슷하게 생긴 원반을 형성시킵니다. 그러고 나서 이 작은 물체들은 서로 조금씩 결합하여 점점 크기가 커지는 바위 조직들을 구성합니다. 크기가 커짐에 따라 충돌은 빈번해지죠. 자갈들이 부딪혀 서로 깨지거나 서로 낚아챕니다. 부피가 더 큰 덩어리들은 다른 것들을 끌어당겨서 마침내 응결되고 행성이 되는 것입니다. 태양계의 다른 많은 물체들과 달의 셀 수 없이 많은 분화구들은 그들의 덩어리를 더 크게 불려준 저 강한 충격들의 흔적을 보여 주는 것입니다. 그 충격들은

---

1   우주 공간에 존재하는 미세한 고체 입자.

엄청난 양의 열기를 배출하죠. 그리고 일부 원자들의 방사능에서 생겨난 에너지가 거기에 더해집니다.

이것이 또 다시 융합되었나요?

처음 큰 행성들이 생성되었을 때 그것들은 작열하는 불덩어리였습니다. 행성의 부피가 커지면 커질수록 열기도 점점 더 강해지며, 그 열기를 배출하는 데도 점점 더 많은 시간이 필요해지죠. 반면 극히 작은 물체들의 경우에는 소행성들처럼 배출이 매우 신속하게 일어납니다. 달과 수성은 수억 년에 걸쳐 우주 공간으로 최초의 열기를 발산했습니다. 오래전부터 달과 수성의 내부에는 더 이상 열이 없고, 그 결과 지질 활동도 일어나지 않습니다. 지구는 이보다 더 많은 시간을 필요로 했습니다. 오늘날 지구의 중심에는 여전히 화염 덩어리가 있습니다. 이것은 반고체 상태인 맨틀의 대류 현상[1]을 일으키죠. 이러한 현상들이 바로 대륙 이동, 화산 분출, 지진의 원인입니다. 그런데 이 지질의 불안정성은 소중합니다. 이것이 기후 변화를 유발하여 생명체가 진화하는 데 중요한 역할을 하기 때문입니다.

---

1 기체나 액체에서, 물질이 이동함으로써 열이 전달되는 현상.

액체 상태의 물이 왜 중요할까?

우리가 살고 있는 행성과 다른 행성들을 구별하는 것은 무엇인가요?

지구는 유일하게 액체 상태의 물을 가지고 있습니다. 태양계에 물은 많은 행성들에 있습니다. 하지만 목성과 토성의 위성에서는 온도가 매우 낮아 얼음의 형태로, 태양에서 더 가까운 금성에서는 무더운 대기 때문에 수증기의 형태로 있습니다. 지구의 궤도 덕분에 지구는 물이 액체 상태로 남아 있는 데 적합한 거리를 유지할 수 있죠.

화성도 마찬가지로 액체 상태의 물을 가지고 있었어요. 우주 탐사선이 밝혀낸 수로들과 말라버린 강들이 그것을 증명해 준 것처럼 말입니다.

아마도 최소한 10억 년 전에는 화성 표면에 액체가 흘렀을 것입니다. 하지만 오래전부터 더 이상 액체는 존재하지 않습니다. 왜 그럴까요? 그 이유는 잘 알지 못합니다. 다만 질량이 작아서 화성의 지각 변동 활동이 현재로서는 매우 약하다는 사실만 알 수 있습니다.

그렇다면 지구는 어디서 물이 생겨난 것입니까?

　별들이 죽으면서 우주 공간에 던져진 엄청난 물질들로 돌아
가 봅시다. 먼지들이 생성되고, 그 위에 물과 이산화탄소가 섞인
얼음덩어리들이 배열합니다. 이 먼지들이 행성을 탄생시키기 위
해 서로 촘촘하게 모여들고, 그러면 얼음덩어리들은 기화하여 간
헐천[1] 같은 모습으로 밖으로 새어 나갑니다. 거기에 대체로 얼음
으로 구성된 혜성들이 그 위로 떨어지죠.

그럼 지구는 그렇게 떨어진 물을 보존하게 된 것인가요?

　지구의 중력장은 표면에 물의 분자들을 저장해 두기에 충분
하며, 태양과의 거리 덕분에 일부를 액체 상태로 유지시킬 수 있었
습니다. 초창기에 지구는 지속적으로 아주 어린 태양이 발사한 자
외선의 충격을 쉴 없이 받았고, 지구의 대기는 거대한 폭풍에 휩싸
여 있었으며, 강렬한 빛이 지구에 줄무늬를 새겼습니다. 오늘날 금
성처럼 말이죠.

1　일정한 간격을 두고 뜨거운 물이나 수증기를 뿜었다가 멎었다가 하는 온천.

물이 우리에게 준 선물

그렇다면 금성은 왜 지구와 같은 과정을 겪지 않았을까요?

    그 이유는 알 수 없습니다. 두 행성은 서로 매우 닮았습니다. 실제로 질량과 탄소량 등이 동일하죠. 그런데 지구에서는 탄소가 석회암 형태로 대양 깊은 곳에 있다면, 금성에서는 대기 중에 있습니다. 그렇지만 처음에 두 행성의 대기를 구성하던 물질들은 상당히 유사했습니다.

그렇다면 차이는 어디서 기인하는 것일까요?

    우리는 지구 표면에 있는 액체 상태의 물이 결정적인 역할을 했다고 생각합니다. 이 물 표면 덕분에 초기 대기의 이산화탄소가 용해되어 탄산염의 형태로 대양 깊은 곳에 자리 잡을 수 있었습니다. 금성은 지구보다 태양에 조금 더 가까이 있습니다. 이 때문에 금성은 지구보다 온도가 높았고, 이 온도차로 금성에는 액체 상태의 물이 부재했을 가능성이 높습니다. 금성의 경우, 표면을 둘러싸고 있는 이산화탄소 층이 온도를 500도로 유지하면서 거대한 온실 효과를 일으킵니다. 그 결과 거의 동일한 이 두 행성이 매우 다른 방식으로 진화해 온 것이죠.

액체 상태의 물이 없이는 역사가 이어지지 않는 거군요.

　그렇다고 생각합니다. 액체 상태의 물은 우주의 복합성이 출현하는 데에 일등 공신이었어요. 대양의 표면에서, 우주 공간의 이온 방사로부터 안전하게, 강력한 내적 변화 즉 화학작용이 일어나게 됩니다. 그것은 우연한 만남과 결합을 통해 점점 더 중요한 분자구조들을 만들어 내죠. 거대한 적색거성에서 태어난 탄소는 초기 생물발생 이전 단계의 진화에서 가장 중요한 역할을 하게 됩니다.

탄소 없이는 생명도 없다

탄소가 그렇게 성공한 이유가 뭘까요?

　탄소는 분자를 구성하기에 이상적인 원자이기 때문입니다. 탄소는 네 개의 고리를 가지고 있는데, 그 고리들을 이용하여 수많은 원자들 사이에서 경첩 역할을 합니다. 이때 생겨난 끈들은 생명

유지 현상에 필수불가결한, 결합과 신속한 분리 작용에 동참할 수 있을 만큼 충분히 유연합니다. 규소도 똑같이 네 개의 고리를 가지고 있지만, 그것이 만들어내는 끈은 탄소보다 훨씬 더 견고합니다. 규소는 모래처럼 안정적인 구조를 만들어 내지만, 물질대사[1]의 구속을 유연하게 따르지는 못합니다.

그럼 우주 어딘가에 규소를 주성분으로 한 생명의 형태가 있다고 상상하는 것은 터무니없는 일입니까?

그럴 가능성은 거의 없습니다. 주변의 다른 은하들과 마찬가지로 우리 은하계에서 전파망원경으로 식별된 네 개 이상의 원자로 이루어진 분자들은 언제나 탄소를 함유하고 있지, 규소는 결코 함유하고 있지 않습니다. 이 관찰 결과는 만약 다른 곳에 생명이 존재한다면 그것 역시 탄소와 함께 구성된다는 것을 강력히 시사합니다.

일단 지구의 대기층이 형성되면 생명은 더 이상 머뭇거리지 않아요. 그렇지 않습니까?

---

1 생명체 내에서 일어나는 물질의 분해나 합성 같은 모든 물질적 변화.

45억 년 전 지구가 탄생할 때 환경은 그다지 유리하지 않았습니다. 지면의 온도는 지나치게 높았고, 게다가 그 시기에 우주 공간은 나중에 덩어리가 더 큰 별들에 흡수될 (태양계가 자체적으로 정리하고 통합시켰죠) 작은 물체들로 가득 차 있었습니다. 운석과 혜성들의 포격은 그 강도가 엄청납니다. 1986년에 마지막으로 출현했던 핼리 혜성에 대한 당시 연구는 상당한 양의 탄화수소의 존재를 입증했습니다. 첫 10억 년 동안의 충돌은 지구 표면에 필시 물 이외에도 상당히 많은 양의 복합 분자들을 가져다주었을 것입니다. 지난 수 세기 동안 죽음과 파멸을 예고한다고 여겨져 온 저 혜성들이 아마도 생명의 출현에는 유리한 역할을 했을 것입니다. 지구가 탄생한 지 10억 년이 채 지나지 않아, 대양은 지구에 최초로 출현한 원시 미생물인 청색조류를 포함하여 살아 있는 생명체들로 풍부해집니다.

마침내 지구에 도달하다

가장 길고 가장 느린 1막이 끝나 갑니다. 우리는 우주의 역사가 수십억 년에 걸쳐 전개된 뒤에 마침내 지구에 도착했습니다. 이 행성에서는 그때부터 엄청난 속도로 상황이 전개됩니다.

이번에는 수백, 수천, 수백만 개의 원자들이 분자로 결합합니다. 빅뱅 이후 물질은 복합성의 피라미드의 단계들을 하나씩 하나씩 올라갔습니다. 안정기에 도달한 원소들의 극소수만 다음 단계와 합류하는 데 성공했죠. 역사의 초기에 있던 양성자들 중 극소수만이 무거운 원자를 형성했어요. 단순한 분자들 중 극소수만이 복합 분자로 조합되었으며, 또 그중에서 극소수만이 생명 조직에 참여하게 됩니다.

동시에 진화의 이 첫 번째 막은 매우 일관성 있게 진행되었어요.

맞습니다. 우주는 우주 공간 여기저기에서 동일한 조직들을 구축했습니다. 별이든 아주 멀리 떨어진 은하에서든, 우리는 실험실에 존재하지 않는 원자를 단 하나도 관찰한 적이 없습니다.

바로 그 사실이 동일한 역사가 다른 곳에서도 전개될 수 있었고, 생명이 다른 행성에도 존재할 수 있었으리라고 암시해 줄 수 있군요.

우리는 도처에서 쿼크들이 양성자와 중성자로 결합했다는 것과, 이것들이 원자로, 또 원자는 분자로 결합했다는 것을 알 수 있습니다. 그리고 도처에서 성간운이 무너져서 별을 만들어 냅니다.

그 별들 중 일부는 행성군을 가지고 있고, 그 행성들 중 몇몇은 생명이 출현하기에 적합한 액체 상태의 물을 내부에 지니고 있습니다. 이 모든 것은 납득할 만한 것이지만 아직 증명되지는 않았습니다.

지구의 하루

시간 역시 응축되었고, 우리의 역사가 진행됨에 따라 진화는 점점 더 빨라졌군요.

맞습니다. 우리의 행성 지구가 0시에 출현했다고 가정하고 행성의 45억 년을 단 하루로 환원해 보면, 생명은 새벽 5시에 태어나 하루 온종일 성장합니다. 20시 무렵이 되어서야 최초의 연체동물이 등장하죠. 이어서 23시에 공룡들이 등장했다가, 포유동물이 빠르게 진화할 여지를 남겨둔 채 23시 40분에 사라집니다. 우리의 조상들은 23시 55분쯤에야 출몰하며, 마지막 1분인 23시 59분에 뇌 용량이 2배가 됩니다. 산업혁명은 여기에서 겨우 100분의 1초가 흐른 뒤에야 시작되었습니다.

우리는 지금 그 짧은 순간 이후로 자신들이 하는 일이 무한히 지속될 수 있다고 믿는 사람들에게 둘러싸여 있습니다. 우리는 이 1막이 전개되는 동안 여기에서 일정한 논리를 보게 됩니다. 큰 인형 속에 더 작은 인형이 계속 들어 있는 러시아 인형 마트료시카처럼, 말하자면 우주가 혼돈에서 지성까지 연속적인 조직화를 이루게 하는 복합성의 충동 같은 것이 있다고 볼 수밖에 없습니다.

우리는 우주가 형태가 일정하지 않은 초기의 미완성 상태를 점점 조직화된 일련의 구조로 변형시켰다는 것을 인정할 수밖에 없습니다. 그 변형은 냉각 중인 물질에게 미치는 물리력들의 작용을 통해 설명될 수 있을 것입니다. 우주가 팽창하지 않았다면, 항성 간 거대한 허공이 없다면, 이 역사에 2막은 존재하지 않을 것입니다. 하지만 이것은 시작에 불과한 한 단계에 대한 질문을 거둬들일 뿐, 우리로 하여금 법칙들에 대해 성찰하도록 유도합니다. "왜 법칙들이 없지 않고 존재하는가?"라는 질문은 제가 보기에 "왜 아무것도 없지 않고 무엇인가가 있는가?"라는 라이프니츠의 유명한 질문의 논리적 연장에 있는 것 같습니다.

생명의 출현이 이 시나리오의 전개 속에 포함되어 있었던 것일까요?

과거에는 생명이 출현할 가능성이 원숭이가 도구 앞에 앉아서 셰익스피어의 작품을 쓰는 것을 보는 것만큼 희박하다고 말했습니다. 오늘날 우리는 적합한 행성이라면 거기서 생명이 출현하는 것은 불가능하지 않다고 생각할 수많은 근거들을 가지고 있습니다. 있을 법하든 그렇지 않든, 어쨌든 우리는 코스모스의 초기 시대부터 생명 출현의 가능성(필연성은 아니고)은 물리 법칙들의 형식 자체 내에 기입되어 있었다고 확언할 수 있어요. 생명의 모험에 대해서는 조엘 드 로스네가 이야기를 이어갈 것입니다.

2막

생명의 시작

도미니크 시모네가 묻고
조엘 드 로스네가 답하다

1장

생명의 출현은
우연이 아닌 필연

> 시의적절하게 천체에서 너무 가깝지도 너무 멀지도 않은 지구는 장막으로 차단되어, 별들의 뒤를 이어 물질을 진화시킨다.

물질에서 태어난 생명

우주 진화와 생명 진화 사이의 연속성을 생각한 것은 최근입니다. 수 세기 동안 우리는 물질과 생명체가 마치 다른 두 세계에 관한 문제인 것처럼 분리하여 생각했습니다.

생명은 재생산되고, 에너지를 사용하고, 진화하고, 죽을 수 있습니다. 반면 물질은 무기력하고, 움직이지 않으며, 재생산될 수 없습니다. 한편으로는 생명의 세계를, 다른 한편으로는 무기물의 세계를 바라보면서 우리는 생명과 물질을 대립된 것으로 간주할 수밖에 없었습니다. 과거에는 분자가 원자들로 이루어져 있다는 것도, 세포가 분자들로 만들어졌다는 것도 알지 못했습니다. 그 당시 사람들은 생명이 신들의 의지에 따라 또는 뭔가 특별한 우연에 의해 지구상에 출현했다고 설명했습니다. 이는 사실 자신의 무지를 숨기는 방법이었지요.

그렇다면 이 2막에는 우연이란 존재하지 않겠군요?

최근까지도 일부 과학자들은 '창조의 우연'에 대해 말해 왔습니다. 그들에 의하면, 초기 지구에서 일부 화학물질들이 우연히 서로 결합하여 최초의 유기체를 만들어 냈고, 이는 오로지 지구에서만 일어난 사건이라는 것이죠. 그러나 오늘날 이 가설은 더 이상 통용되지 않습니다.

생명이 물질에서 태어났다는 사실은 전적으로 확언할 수 있습니까?

이 위대한 생각은 1950년대에 확산되어 몇 년 전부터 많은 발견과 실험들을 통해 확인되었습니다. 즉, 생명은 물질의 오랜 진화로부터 생겨났고, 빅뱅의 초기 결합들 이후 최초의 분자들, 최초의 세포들, 식물, 동물과 함께 계속해서 진화가 지구상에서 이루어져 왔다는 것입니다. 따라서 수억 년간 지속되었던 이 생명체의 진보는 동일한 역사의 한 단계, 즉 복합성의 단계입니다. 지구의 탄생 이후로 분자들은 거대분자로, 거대분자들은 세포로, 세포들은 유기체로 조직되었죠. 생명은 이 새로운 구성요소들의 상호작용과 상관성에서 생겨난 결과입니다.

필연, 우연은 없다.

그렇다면 위베르 리브스가 언급한 것처럼, 생명의 출현은 전적으로 있을 법한 일이었다고 말할 수 있나요?

자크 모노[1]는 생명의 출현이 거시적으로 '필연'이라고 말했

---

[1] 1910~1976. 프랑스의 생화학자로 1965년에 효소의 유전적 조절 작용과 바이러스 합성에 대한 연구로 프랑수아 자코브, 앙드레 르보프와 함께 노벨생리학 · 의학상을 수상했다. 저서『우연과 필연』에서 생명의 출현은 분자적 차원의 미시 세계에서 우연히 일어난 '요란(변이)'의 결과일 뿐이지만, 미시 세계에서 일어난 우연이 거시 세계의 필연을 만들어 낸다

습니다. 주어진 조건하에서 물질을 조직하는 법칙들이 필연적으로 점점 더 복잡한 체계를 생성하게 되니까요. 조약돌과 비교해 보면, 생명 조직의 출현은 실제로 일어날 법하지 않은 일이라고 여길 수도 있습니다. 하지만 역사의 흐름 속에서 생명의 출현을 지속적으로 고려해 본다면 그렇지 않습니다.

그것은 우리가 앞으로 묘사할 장면이 우주의 다른 곳에서 펼쳐질 수도 있었음을 암시하는군요.

맞습니다. 어떤 천체로부터 일정한 거리에 위치하고 생명을 생성하기에 적합한 행성이 하나 있다고 상상해 봅시다. 또 그 행성이 수소, 메탄, 암모니아, 수증기와 이산화탄소로 구성된 조밀한 대기층을 유지할 수 있을 만큼 꽤 부피가 크다고 생각해 봅시다. 이 행성이 냉각되면서 내부의 가스가 배출되고, 액체 상태의 물을 만들어 내는 응결 작용이 일어난다고 상상해 봅시다. 또한 대기층에서 작동된 화학합성[1]이 자외선으로부터 보호된 분자들을 물속에 축적하는 데 도움을 준다고 생각해 봅시다. 이 모든 조건들은

고 이야기한다.

1 생물이 생명력이 없고 생물적이지 않은 발생 최초의 형태의 화합물인 무기화합물을 산화시킬 때 발생하는 에너지를 사용하여 양분을 생성하는 것. 이때 산화는 분자, 원자 또는 이온이 산소를 얻거나 수소 또는 전자를 잃는 것을 의미한다.

예외적인 것이 아닙니다. 그러니 우주의 많은 지역에서 이러한 조건들이 마련될 수 있죠. 그럴 경우 생명계가 출현할 개연성은 매우 높아집니다. 이것이 위베르 리브스 같은 많은 과학자들이 생명이 우리의 은하계나 다른 은하계에서도 출현했을 수 있다고 생각하는 이유입니다.

생명의 출현은 우연이 개입되지 않은 필연이라는 말씀이시군요.

그렇습니다. 물을 가지고 있으며, 뜨거운 별에서 최적의 거리에 위치해 있는 행성은 모두 주변 환경과 화학물질을 교환할 복잡한 분자들과 작은 구체들을 축적시킬 가능성이 있습니다. 필연에 필연이 이어지면서 화학적 진화는 아직은 불완전한 초보 생물들에 이르게 됩니다.

생쥐를 만드는 방법?

과거 우리는 자연발생에 대해 논하면서 생명이 물질에서 솟아났다는 이야기를 어느 정도 했었습니다. 그럼 우리의 조상들이 완전히 틀렸던 것은 아니군요.

맞습니다. 하지만 그들은 생명이 부패하는 물질로부터 자연발생적으로 생겨났다고 생각했습니다. 기생충은 진흙에서 솟아올랐고, 파리는 상한 고기에서 생겨났다는 것이지요. 17세기에 저명했던 의사는 심지어 생쥐를 만들 수 있는 조리법을 제시하기도 했습니다. "밀알 몇 개와 인간의 땀 냄새가 밴 더러운 셔츠를 준비하여 이것을 모두 상자에 넣고 21일 동안 기다리십시오." 정말 간단하지 않습니까? 그 다음에 아주 초기의 현미경 덕분에 우리는 매우 작은 유기체들의 존재, 즉 부패하는 물질에서 증식하는 박테리아와 효모를 발견했습니다. 그 당시 사람들은 생명이 언제나 아주 미세한 형태의 물질에서 생겨난다고 주장했었습니다.

완전히 터무니없는 얘기는 아니었군요.

기본 생각은 맞습니다만, 추론이 틀렸습니다. 생명은 자연발생적으로 생겨나지 않았으며 출현하기까지 많은 시간을 필요로 했습니다. 1862년에 파스퇴르는 세균들이 공기뿐만 아니라 우리의 손에도, 물건에도, 우리 주변 어디에나 존재하고 있다는 사실을 입증했습니다. 그러니까 세균 배양액에서 관찰되는 미세한 생물들은 감염에서 생겨난 것이지요. 파스퇴르는 순무와 채소, 고기를 넣은 수프를 애써서 만들었습니다. 그리고 외부 공기를 차단하기 위해 백조의 목처럼 아주 긴 기구 안에 수프를 넣은 뒤 밀폐시켰고, 그 수프를 살균하기 위해 끓였습니다. 그러자 그 증류기에서는 어떤 생명체도 출현하지 않았습니다.

이제 증명이 완료되었네요! 생명은 자연발생적으로 불쑥 나타날 수 없다는 것 말입니다.

그렇습니다. 하지만 그렇게 함으로써 파스퇴르는 기원에 관한 문제를 주변부로 되돌려 보냈고, 이 문제는 오랫동안 거기 머물러 있게 되었습니다. 왜냐하면 파스퇴르 때문에 우리는 생명이 무기력한 물질에서 생겨날 수 없으며, 생명은 오로지…… 생명에서만 생겨날 수 있다는 결론을 내렸기 때문입니다. 세 개의 해답만 남았습니다. 신의 개입이란 선택지가 있었지만 이것은 과학이 아니었습니다. 다음은 생명이 기적처럼 우연히 출현했다는 것인데, 이것은 받아들이기 어려운 가설입니다. 마지막 해결책은 생명이 지구 대기권 밖에서 비롯되었다는 가설입니다. 운석들이 생명의 씨앗을 가져다주었으리라는 것인데, 이 해결책은 문제를 전혀 결론짓지 못했습니다.

다윈의 생명에 대한 직관

그런데도 체념하고 물질과 생명 사이에 다리를 놓는 것을 포기해버렸지요.

그렇습니다. 파스퇴르는 물질과 생명의 관계를 가로막아버렸지요. 우리는 이 벽을 넘어서야 했습니다. 무생물이 '자연발생적'으로가 아니라 수십억 년에 걸쳐 단계적으로 생명을 탄생시켰다는 사실을 이해해야만 했습니다. 지속이라는 저 근본적인 개념을 제시한 사람이 바로 다윈입니다.

하지만 다윈은 동물의 진화에 대해서만 이야기하지 않았나요?

그것만은 아닙니다. 다윈은 확실히 생물종들이 진화하는 원리를 발견했습니다. 최초의 세포에서 인간까지, 동물은 시간이 흐르면서 연속적인 변이와 자연선택을 통해 변화를 거듭함으로써 서로로부터 진화해 왔습니다. 그러나 다윈은 또한 생명이 출현하고 최초의 세포들이 탄생하기 전에도 초기의 지구가 분자의 진화를 겪었을 것이라고 암시했던 것 같습니다. 우리가 그 사실을 너무 자주 잊고 있지만 말이지요.

그의 직관은 정말 뛰어나군요!

　　그렇습니다. 다윈은 심지어 왜 이와 같은 주장을 입증하고 자
연 속에서 그것을 관찰하기가 힘든지도 잘 이해하고 있었습니다.
그는 이렇게 설명했습니다. 만약 오늘날 진화 가능성이 있는 분자
들이 작은 늪 속에 있다면, 현재의 생물종들이 그 분자들을 소멸시
켰을 것이므로 이들의 진화는 실패할 것이라고 말입니다. 매우 선
구적인 판단이지요. 일단 출현한 생명은 실제로 모든 것을 휩쓸어
버렸고, 자신의 뿌리마저 삼켜버려 다른 유형의 진화들이 동시에
진행될 수 없게 만들었습니다.

닭이 먼저냐, 달걀이 먼저냐

그렇다면 생명이 물질에서 '진화했다'는 것을 어떻게 증명할 수 있습니까?

　　실험실에서 그 진화를 되짚어 보면 그 사실을 증명할 수 있습
니다. 우리는 지금 초기 지구의 분자들을 최초의 생물에 이르게 한
거의 모든 단계들을 알고 있으며, 부분적으로나마 우리의 시험관
속에서 그 단계들을 재현할 수 있습니다. 19세기 말에 한 연구원

이 이미 생명의 구성요소로서 탄소와 수소 그리고 질소의 결합물인 요소를 제조하는 데 성공함으로써 우리에게 충격을 준 바가 있습니다. 하지만 그것으로는 생명이 생명에서만 태어날 수 있다는 오랜 편견을 깨트리기에 충분치 못했습니다.

그것이 닭과 달걀의 이야기지요.

바로 그것입니다. 이 악순환은 두 연구자, 소련의 생화학자 알렉산드르 오파린[1]과 영국인 존 홀데인[2]에 의해 깨졌습니다. 이들은 초기 지구의 환경이 오늘날의 조건과는 많이 달랐다고 주장했습니다. 대기층에는 질소도 산소도 없었지만, 복합 분자들이 출현하기에 적합한 수소와 메탄, 암모니아, 수증기가 섞인 불친절한 혼합물이 포함되어 있었습니다. 1950년대에 역시 선구자였던 프랑스인 테야르 샤르댕[3]은 다윈이 물질의 진화에 대해 대략적인 초안을 그렸던 개념을 다시 가져와서, 초기 지구 시대에 발생할 수 있

---

1 1894~1980. 『생명의 기원The Origin of Life』을 발표하여 무기 물질로부터 유기물 및 생명이 발생하는 과정에 대하여 과학적인 해석을 주장했다.

2 1892~1964. 영국 태생의 유전학자이자 진화생물학자로, 신다윈주의 사상을 발전시키는 데 큰 기여를 했다.

3 1881~1955. 프랑스의 고생물학자, 지질학자로 예수회 수도사 출신의 성직자이기도 하다. 베이징 원인(北京猿人)과 필트다운인 발견에 참여했다. 구석기 시대의 문화와 극동 지역의 지질을 소개하는 데 공헌했다.

었을 생물과 불활성물질 사이의 중간 단계인 '전前 생명'에 대해
말했습니다.

여전히 그것을 증명할 일이 남아 있었군요.

　바로 그 일을 1952년에 25살의 젊은 화학자 스탠리 밀러[1]가
했습니다. 그는 생각했습니다. 생명 이전의 이 조건들을 왜 실험실
에서 복원해 보지 않는 것일까? 그래서 그는 동료들의 비웃음을
사지 않으려고 비밀리에 실험을 했습니다. 초기 지구의 환경과 같
이 풍선 안에 가스, 메탄, 암모니아, 수소, 수증기 그리고 약간의 이
산화탄소를 주입했습니다. 그는 풍선을 물로 가득 채워서 가상의
대양을 만들었고 에너지를 산출하기 위해 전체에 열을 가했으며,
일주일 남짓 반짝이는 불꽃을 일으켰습니다. 그러자 풍선 깊숙한
곳에서 주홍빛 물질이 나타났습니다. 그 물질에는 생명을 구성하
는 분자인 아미노산이 포함되어 있었고요! 그렇게 단순한 기본 요
소들에서 출발하여 그 분자들이 만들어질 수 있다는 것을 아무도
감히 상상하지 못했습니다. 이것은 과학계에서는 경악할 일이었
습니다. 이로써 물질과 생명체 사이에 최초의 다리가 놓였습니다.

1　1930~2007. 미국의 화학자, 생물학자로 생명의 기원에 대한 연구에서 무기물에서 유기
물을 합성하는 실험을 통해 원시 지구에서 생명 탄생의 가능성을 증명했다.

데이지들로 뒤덮인 행성

사람들이 우주와 생명의 연속성을 받아들이는 데에는 시간이 필요했겠네요. 그래서 뒤이어 진행의 큰 단계들을 되짚어 보아야 했던 거로군요.

화학, 천체물리학, 지질학 이 세 학문이 그것을 시도했습니다. 화학은 실험실에서 가장 중요한 변화를 가상 복제했고, 천체물리학은 우주에서 유기화학의 흔적을 조사했습니다. 지질학은 지구에서 생명의 화석들을 찾으려 애썼습니다. 이러한 연구들 덕분에, 생명체를 구성한 최초의 요소들이 45억 년 전에 지구가 형성될 당시 발견된 단순한 일부 분자들의 결합에서 생겨났다는 생각을 받아들일 수밖에 없었습니다.

초기 지구의 화학적 혼합물, 액체 상태의 물, 특별한 대기층은 지구가 태양에 근접한 덕분에 얻게 된 혜택이었군요. 우리가 태양으로부터 '적당한 거리'에 있었지만, 그것이 별 대단한 의미는 없다고들 말하지만요.

지구와 태양의 거리는 실제로 화학반응을 일으킬 수 있는 적외선과 자외선을 받을 만큼은 가깝고, 만들어진 생산물들이 타버리지 않을 만큼은 떨어져 있습니다. 이 '적당한 거리'는 실은 그 시기에 지구에 확립된 균형에 대해 말하는 한 방법이라 할 수 있습니다. 영국의 과학자 제임스 러브록[1]이 제안한 것처럼, 흰색 데이지와 검은색 데이지가 가득한 작은 행성을 상상해 봅시다. 하얀 데이지는 태양 빛을 반사하고 주변 온도를 떨어뜨리는 경향이 있습니다. 반대로 검은 데이지는 빛을 흡수하고 제 주변을 뜨겁게 데우죠.

그렇다면 그 둘은 경쟁 관계에 놓이는군요.

그렇습니다. 처음에 행성은 매우 뜨겁습니다. 데이지는 견뎌내지 못하고 대부분이 죽습니다. 소규모의 지역 체제로 재집결된 일부 흰 데이지는 그들이 거기 있다는 것만으로도 주변의 온도를 낮추고 살아남습니다. 그 지역의 온도가 낮아지면 낮아질수록, 흰 데이지들은 번식하고 영토를 확보합니다. 일정 시간이 지난 뒤에는 흰 데이지들이 행성 지표면의 대부분을 차지해서 행성의 대부분이 하얗게 변할 것입니다. 그러다가 갑자기 온도가 내려가고 흰 데이지들이 대량으로 죽기 시작합니다. 이번에 우위를 점하는 것

---

1   1919~ . 가이아 이론의 창시자. 가이아 이론은 지구가 단순히 개체에 둘러싸인 암석덩이가 아니라, 환경과 생물로 구성된 하나의 유기체로써 스스로 진화하고 변화해 나가는 생명체임을 강조한다.

은 살아남은 검은 데이지들입니다. 주변의 온도를 다시 높이면서 검은 데이지들이 우세해지는 것이지요. 이제 이 행성의 시스템은 반대로, 다시 행성이 매우 뜨거워질 때까지 새롭게 작동되기 시작합니다.

그 상태가 오래 지속될 수 있겠군요.

그렇지 않습니다. 두 종류의 데이지가 피고 사라지는 과정이 반복되고 시간이 흐르면, 흰 데이지와 검은 데이지가 뒤섞이면서 균형이 맞추어집니다. 두 꽃의 표면 작용이 온도조절장치로 작동하여, 함께 살아가는 데 적합한 온도가 됩니다. 어떤 이유에서 온도가 갑자기 오르더라도, 이 체계는 일정한 시간이 지나면 안정될 것입니다.

생명의 새벽

초기 지구와는 어떤 관계가 있을까요?

데이지들의 역사가 곧 지구상의 생명의 역사입니다. 오늘날 우리에게 태양과 지구 사이의 거리가 생명의 발달에 '알맞은' 것으로 보이는 것은 운이 좋아서가 아닙니다. 실제로 생명의 최초의 구성요소들은 자신들의 생존과 번식에 가장 적합하도록 온도를 맞추었기 때문입니다.

일종의 자기 조절이군요. 그 구성요소들은 어떻게 배합된 것일까요?

지구의 새벽에 해당하는 대략 45억 년 전의 일입니다. 지구의 대기층은 규산염 핵과 탄소층 그리고 가스 혼합물, 즉 메탄, 암모니아, 수소, 수증기, 이산화탄소로 구성되어 있었습니다. 태양의 자외선과 강렬한 섬광의 영향을 받고 행성 주위를 떠다니던 저 가스 분자들은 조각조각 깨지고 분리되어 더 복합적인 요소들로 되돌아갑니다. 이 최초의 분자들은 오늘날 살아 있는 생명체들의 구성 속에 들어오기 때문에 '유기적'이라고 불립니다. 예를 들어 그때까지 메탄과 암모니아, 물에 결합되어 있던 탄소와 질소, 수소, 산소의 원자들이 서로 모여서 아미노산을 구성합니다.

위베르 리브스가 진화에 있어서 탄소의 행운을 이미 언급했었죠.

실제로 탄소는 다양한 방식으로 다른 원자들과 배합할 수 있는 외형을 가지고 있습니다. 그리하여 안정적인 구조든, 매우 반응성이 강한 분자든, 긴 생명체 사슬이든 형성시킬 수 있습니다. 또한 탄소는 이 사슬의 이쪽 끝에서 다른 쪽 끝까지 전자들을 유도할 수 있는데, 이는 어떤 점에서 보면 신경망과 인간이 고안할 전자통신망을 예고한다고 할 수 있습니다. 그러니까 생명체의 분자들은 탄소 원자들과 산소, 수소, 질소, 인, 황 원자들의 결합체입니다. 그 이상은 아무것도 없습니다. 대기 속에서 이 분자들은 태어나자마자 비가 되어 대양으로 떨어져 거기서 안전하게 보호받았습니다.

그것이 얼마동안 지속되나요?

유기 분자들은 대기의 차가운 층 속에서 수증기가 응축되어 생겨난 소나기와 함께 5억 년 이상 비로 내렸습니다. 그 결과 이 시기 이후 생물계의 본질적인 두 가지 특성이 결정되었어요. 바로 그것의 화학적 구성(모든 유기체들은 탄소와 수소, 산소, 질소로 만들어진다)과 태양입니다.

다른 행성에서도 그런 비가 틀림없이 생성되었겠지요?

위베르 리브스가 그 얘기를 했었고, 천체물리학자들이 우주 여기저기서 유기 분자들의 존재를 발견했습니다. 15년 전부터 그들은 대략 70개의 존재를 확인했습니다. 이는 이 현상이 우주에서 예외적인 것이 아니었음을 입증합니다. 45억 년 전에도 그 분자들이 형성되었을 가능성이 매우 높아요.

하늘에서 떨어지는 분자들

그러니까 생명의 최초 요소들은 어떻게 보면 하늘에서 떨어진 거로군요.

맞습니다. 끊이지 않고 내려 지구를 적시는 분자들의 빗속에는 지질脂質[1]을 예고하는 아미노산과 지방산이 들어 있었습니다. 두 분자, 즉 포름알데히드와 청산靑酸이 그 시기에 매우 중요한 역할을 했던 것 같습니다. 자외선에 복종하는 이 두 가스는 실제로 나중에 유전을 뒷받침하는 DNA를 구성하게 될 네 개의 '염기'를 탄생시킵니다. 그러므로 초기 행성이라는 이 거대한 배양액 속에는 모든 생명체를 특징짓는 유전암호 네 개 '문자' 중 두 개가 이미 들어 있었던 것이죠.

---

1   생체를 구성하는 물질 중 하나로 물에 잘 녹지 않는 성질이 있다.

하지만 빅뱅 초기의 혼돈에서처럼 모든 것이 뒤죽박죽이었을 텐데요.

실제로도 그것은 매우 다양한 분자들로 구성된 일종의 수프 같은 것이었습니다. 위베르 리브스가 비유해 말했던 알파벳 모양 파스타가 든 수프처럼, 이 새로운 문자들은 이제 단어들, 즉 아미노산 사슬들을 만들기 위해 결집하며, 또 그것들은 문장들, 즉 단백질을 구성하기 위해 100여 개씩 결합될 것입니다. 이번에 복합성의 작업을 계속 이어가는 것은 분자들입니다.

이 최초의 합성을 실패하게 만들 수도 있었다면 그건 무엇이었을까요?

생명 자신입니다. 만약 이 생명이란 것이 이전에 존재했었다면 말입니다. 또는 열기와 자외선이 지나치게 강렬했다면 분자의 결합은 불가능했을 것입니다. 다행히 지구의 대기층은 이 복잡한 분자들을 탄생시켰을 뿐만 아니라 덮개 역할도 하여 분자들을 보호해 주었습니다. 만약 그 분자들이 외부에 남아 있었다면 사라졌을 것입니다. 시간이 더 흐른 뒤 최초의 세포들은 산소를 산출하기 위해 태양 에너지를 사용하게 되고, 이렇게 생성된 산소는 대기의 상층부에 오존을 제공하죠. 그렇게 되면 이 대기층이 자외선으로부터 그 세포들을 보호해 줍니다. 이런 과정을 통해 생명은 자신이 생존할 수 있는 환경을 확보했습니다.

2장

지구를 점령한
생명의 물방울

행성에 비가 내린다. 하늘에서 떨어진 미세한 분자들이 석호
들 속에서 배합되어, 최초의 생명의 물방울들을 창조한다.

진흙에서 태어난 물방울

지금까지의 우리 역사는 레고 놀이 같습니다. 결합은 점점 더 복잡해져서 이
제는 거대 분자들의 사슬을 형성합니다. 하지만 여전히 물질입니다. 어떤 마
술을 부려 생명이 솟아오르게 될까요?

이 분자들이 결합을 계속할 수 있어야만 새로운 단계를 넘어

설 수 있습니다. 우주에서 온도는 시동 장치 역할을 했습니다. 지구에서는 그 역할을 하게 되는 것이 특별한 환경입니다.

대양 말인가요?

아닙니다. 흔히 오랫동안 믿어 온 것과는 다르게 생명은 대양에서 출현하지 않았습니다. 그보다는 낮에는 건조하고 따뜻하며 밤에는 차고 습한, 건조했다가 습해지는 석호[1]와 늪지 같은 장소에서 출현했을 가능성이 더욱 높습니다. 이런 곳에는 석영[2]과 진흙이 있는데, 이것들은 긴 분자사슬이 꼼짝없이 빠져들어 서로 결합하게 만듭니다. 늪이 건조해졌다가 습해지는 순환과정을 가상으로 재현한 최근의 실험들을 통해 그 사실을 확인했습니다. 진흙 앞에서 유명한 '염기'들은 자발적으로 결합하고, 그것이 미래의 유전자 정보 매체 DNA의 단순화된 형태인 작은 핵산 사슬이 됩니다.

생명이 진흙에서 태어났다니요! 우주의 기원에 관하여 과학이 주장하는 것과 오래전부터 전해져 오던 신앙 사이에서 놀라울 정도의 유사함을 찾아냈

---

1 사주나 사취의 발달로 바다와 격리된 호수.

2 대륙지각에 풍부한 광물. 수정이라고도 부른다.

군요. 많은 신화에서 생명은 물과 진흙에 기원을 두고 있다고 이야기하죠.

정말 멋지지 않아요. 신들이 진흙과 물로 작은 조각상을 제작하듯 인간을 빚어냈을 거라는 이야기 말입니다. 우연의 일치일까요, 아니면 경험에 의거한 귀납적인 검증일까요? 인간의 사고에는 아이들의 사고처럼 시간이 흐른 뒤에 과학적으로 확인할 수 있는 단순 직관이 있는 것 같습니다.

내부에서 이끌어 내는 진화

진흙은 이 분자들에 어떤 영향을 미치나요?

진흙은 작은 자석처럼 행동합니다. 그것의 이온들, 다시 말해 전자를 잃어버렸거나 여분으로 가지고 있는 원자들이 주위로 물질을 끌어당겨 물질이 반응하게끔 부추깁니다. 게다가 오늘날 저 유명한 무기질들은 초기 대양의 작은 이온들이 진화한 결과입니다. 그 덕분에 물질은 계속해서 결합할 수 있는 것입니다.

일련의 원자들이 계속해서 길어지게 하기 위해서요?

그뿐만이 아닙니다. 새로운 현상도 발생합니다. 어떤 분자들은 친수성親水性[1]이어서 물에 이끌리는 반면, 어떤 분자들은 소수성疏水性[2]이어서 물을 밀어내죠. 석호에서 발견되는 단백질은 아미노산으로 구성되어 있는데, 그중 일부는 물을 좋아하고 일부는 그렇지 않습니다. 그럼 무슨 일이 벌어질까요? 단백질은 둥글게 감겨 외부에 있는 물과는 접촉하고 내부에 있는 물과는 거리를 두게 됩니다.

그럼 그 분자들은 공 모양이 되나요?

어떤 의미로는 그 분자들은 스스로를 가두는 것이라 말할 수 있습니다. 다른 분자사슬 역시 막을 형성하고, 그 순간에 대양에서 프렌치드레싱 속 기름 방울처럼 보이는 작은 알갱이들로 변형됩니다. 이 다양한 방울들은 생명 전 단계로, 이들의 출현은 기본적인 현상이죠.

왜 그런가요?

---

1 물 분자와 쉽게 결합되는 성질.
2 물을 빨아들이지 않는 성질. 물 분자와 친화력이 낮다.

우리의 역사에서 처음으로 스스로 폐쇄된, 내부와 외부를 가진 것이 출현한 것입니다. 테야르 샤르댕이 말했듯이 말이지요. 생명이 탄생하고 더 뒤에 의식이 출현할 때까지, 이 내부가 중심이 되어 작은 방울들의 진화를 이끌어 나갈 것입니다.

의식이 프렌치드레싱의 마법으로 생겨나는 거군요?

이러나저러나 생명이 유액에서 태어나면 안 될 이유가 없지 않나요? 이 작은 방울들은 최초의 수프와 차단되고 폐쇄적인 환경을 조성한다는 이점을 가지고 있었습니다. 그 방울들이 자신들과 결합하여 혼합물을 구성하는 화학물질들을 포로로 붙잡아 둡니다. 이렇게 혼합된 것들이 생명체의 새로운 도가니가 되는 것입니다.

1막에서 별들이 했던 것처럼, 그 방울들이 진화의 뒤를 이어 복합성에 다시 채찍질을 가하는 거군요.

바로 그렇습니다. 이 방울들의 막이 없었다면, 마치 피부 없는 인간처럼 새로운 결합이 불시에 도래하지 못했을 것입니다. 폐쇄적인 환경은 진화가 계속되는 데에 필수적이었습니다.

그것을 어떻게 알 수 있습니까?

실험실에서 이 단계를 쉽게 재현할 수 있습니다. 우선 기름, 설탕, 물을 넣습니다. 그리고 흔들어 주면, 현미경으로 보이는 세포와 비슷한 작은 물방울들로 이루어진 유액을 얻을 수 있습니다. 이것은 매우 자연스러운 현상입니다. 최초의 수프 속에서, 분자들은 집결하고 닫혀서 작은 방울들을 만들 수 있을 만큼 그 크기가 충분히 컸습니다.

우리의 행성 여기저기서 그런 현상이 일어나나요?

석호들 속에 도처에서 발생했습니다. 이 방울들은 그것의 용량과 무게 그리고 막의 저항 사이의 균형을 이루기에 적합한 동일한 크기를 가지고 있었습니다(크기가 너무 크면 분할되겠지요). 이때문에 거기서 생겨난 살아 있는 모든 세포들은 10마이크로미터에서 30마이크로미터 사이의 거의 동일한 크기를 가지게 됩니다.

생명의 방울들

그렇다면 그 방울들은 '살아 있지' 않은 건가요?

아직은 아닙니다. 정확히 말하면 '전 생명'입니다. 이때 방울들은 엄청나게 증식합니다. 그것들은 반# 침투성이라는 유리한 조건을 가지고 있어서 일부 작은 분자들만 통과시킵니다. 그 분자들은 내부에서 큰 분자로 변형되어 꼼짝 못하고 갇히게 되죠. 이렇게 새로운 연금술이 시작되고, 화학 반응들이 일어나는 겁니다.

그 방울들이 저마다의 혼합을 준비하는 것입니까? 어떻게 보면 이 현상은 개체성의 시작이군요.

맞습니다. 그로 인해 '전 생명' 시스템들은 엄청나게 다양해집니다. 때때로 내부의 화학적 혼합물이 막을 터뜨려서 분자들이 산산이 흩어지기도 하고, 반대로 그 혼합물이 제 막을 강화시키는 데 기여하여 시스템이 유지될 수 있도록 보장하기도 합니다. 그리하여 일종의 선택이 시작되는데, 이는 수백만 년 동안 지속됩니다. 생명 이전에 있었던 생명을 위한 투쟁이죠.

벌써 자연선택이 시작되는군요!

　바로 다윈이 예언했던 것입니다. 환경에 적응한 화학 매질媒
質[1]을 내부에 가지고 있던 방울들만 살아남습니다. 예를 들어 에너
지를 생성할 가능성을 가진 방울들이 다른 것들보다 우위를 점하
는 거지요.

왜 그런가요?

　이 에너지가 그들이 계속 성장할 수 있게 해 주기 때문입니
다. 일부 방울들은 성장하기 위해 막을 통과하는 외부 물질들을 이
용합니다. 이것이 발효 반응의 시작입니다. 빛을 꼼짝 못하게 가둘
수 있는 분자들을 보유한 다른 방울들은 외부 물질의 흡수에 굴복
하지 않고 광전지처럼 태양의 광자를 전자로 변형시킵니다.

그것이 더 나은가요?

　물론입니다! 강렬한 욕망을 가진 저 모든 작은 방울들이 잔뜩

1　어떤 파동 또는 물리적 작용을 한 곳에서 다른 곳으로 옮겨 주는 매개물. 음파를 전달하
는 공기, 탄성파를 전달하는 탄성체 따위가 있다.

모여 있는 최초의 수프는 시간이 흐르면 점점 빈약해집니다. 자율적인 작은 조직들은 일종의 보너스를 가진 셈이죠. 그렇지 않은 조직은 물질들을 흡수해야 하는데, 물질의 수가 점점 줄어드니까요.

벌써 희소성이 나타나는군요!

그렇습니다. 하지만 이 모든 것도 그 시기에 또 다른 현상이 갑작스레 벌어지지 않았다면 도움이 안 되었을 것입니다. 일부 방울들이 내부의 작은 혼합물을 재생산하고 그것의 화학적 배합을 증가시킬 수 있게 된 겁니다. 그 때문에 그 방울들은 진화에서 상당한 우위를 점하게 되죠.

생존을 확보하는 방법

생식은 어떻게 그렇게 불시에 등장하게 되었나요?

이전에 언급했던 방울들은 특별한 분자 사슬, 그러니까 네 개의 분자들(미래 유전자들의 네 개의 염기)로 구성된 RNA(리보핵산)라 불리는 산을 함유하고 있습니다. 최근에 리보핵산이 자가생식이라는 특별한 능력을 가지고 있다는 사실이 증명되었습니다. 한 방울이 두 방울로 분할되고, 거기서 생겨난 새로운 방울이 첫 번째 것과 비슷한 RNA를 가진다고 상상해 보십시오. 또한 그 RNA가 방울의 구조 속에서 촉매 역할을 한다면, 결국 동일한 시스템과 막을 재생산할 수 있는 일종의 최초의 설계도가 전달될 것입니다. 최초의 상태에서 그것은 일종의 자가생식 시스템입니다. 우리는 그런 RNA를 가진 방울들이 그들 '종'의 생존이 확보되는 것을 보게 될 것이라고 짐작합니다.

이번에는 최초의 '생명 방울'이라고 말할 수 있나요?

일반적으로 우리는 살아 있는 유기체라고 하면, 자기를 보존하고 스스로를 관리하며 자가생식 할 수 있는 시스템이라 여깁니다. 이것은 박테리아에서 인간에 이르기까지 모든 생명체의 기본 구조인 세포를 특징짓는 세 가지 원리입니다. 실제로 최초의 작은 알갱이들도 이 원리를 지니고 있는데, 이러한 속성들 중 하나라도 빠진다면 그것은 '생명체'가 아닙니다. 예를 들어 크리스털은 살아 있는 것이 아닙니다. 크리스털은 재생산은 되지만 에너지는 만들지 못하기 때문이죠.

바이러스는 생명체인가요?

그 경우는 더 모호합니다. 식물에게 질병을 일으키는 담배모자이크바이러스를 예로 들어 봅시다. 당신이 설탕이나 소금처럼 병에 넣어 여러 해 동안 보관할 수 있는 가루를 얻기 위해 바이러스를 건조시켰다고 합시다. 그때 바이러스는 증식되지 않고, 움직이지도 않고, 어떤 물질도 흡수하지 않으며, '살아 있지' 않습니다. 그런데 그 가루에 물을 넣어서 용해액을 만든 다음 담뱃잎 위에 조금 흘리면, 담뱃잎은 빠르게 감염의 징후를 보일 것입니다. 그리고 바이러스는 힘을 회복해서 무시무시한 속도로 증식하겠죠.

그래서 바이러스가 살아 있는 건가요, 아닌가요?

이를테면 경계선에 있다고 볼 수 있습니다. 바이러스는 증식하기 위해 생명을 필요로 하는 기생충 같은 것입니다. 바이러스는 세포를 마치 복사기처럼 이용하죠. 한때는 바이러스가 생명의 가장 단순한 형태이고, 생명의 기원 단계에 있는 것이라고 믿었던 적도 있었어요. 하지만 그러한 생각은 이제 개연성이 없습니다. 왜냐하면 바이러스는 증식하기 위해 생명 조직을 필요로 하기 때문입니다. 오늘날에는 반대로 바이러스가 매우 개량된 조직들이라고 생각합니다. 생식이라는 방해물을 제거함으로써 가장 단순하게 발현하여 엄청난 효율성을 갖도록 진화한 세포의 후손이라고 생각하는 거죠! 그 조직들은 기초대사량을 최저로 하기 위해 단순화되었을 것입니다.

생명이 지구를 오염시키다

다소 특별한, 생식이 가능한 우리의 방울들을 한번 다시 찾아봅시다. 그것들이 이렇게 번식을 시작하게 될 것이라 추측하고……

그들 내부에서 화학 작용이 계속 이어지면 마침내 생식 코드가 완성됩니다. 두 개씩 짝을 짓고 조금씩 변형됨으로써 RNA의 가닥들이 조합하여 이중나선구조, DNA를 형성하는 거죠. 이 구조는 훨씬 더 안정적이기 때문에 필요불가결해집니다. 그때 두 가지 유형의 분자사슬들, 즉 단백질과 DNA 사이에 화학적 대화가 시작됩니다. 십중팔구 이 둘은 직접적으로 반응했을 것이고, 단순하고도 규칙적인 화학적 결합 작용에 의해 하나가 다른 하나의 구멍 속으로 들어갔을 것입니다.

자연이 유전의 구체적 실현매체인 유전자 단계에 이른 것입니까?

　지구상의 모든 생명체의 유전자는 이중나선 모양으로 엮인 네 개의 분자, 다시 말하면 네 개의 염기로 이루어진 묵주와 같아요. 네 개의 문자로 된 알파벳으로 쓰인 아주 긴 단어들 같다고 할까요. 그것들은 두 쌍씩 완벽하게 일치한 채 서로 끼워집니다.

결국 DNA 방울들이 지구를 점령하게 되나요?

　그것도 강렬하게 말입니다! 최초의 작은 방울들은 대략 40억 년 전에 지구상에 출현했습니다. 뒤이은 5억 년 동안 화학적 선택이 계속 이어집니다. 생명은 수억 년 동안 휴면 상태에 머물러 있거나 석호나 연못 속 국지적인 몇몇 지역에 한정되어 있었던 것 같습니다. 그러다 갑자기 생명이 모든 것을 뒤덮게 됩니다.

얼마만에요?

　아마도 수십 년 아니면 수백 년 만일 것입니다. 누가 알겠어요? 그전 수십억 년과 비교하면 이것은 정말 돌발 사건이지요. 세포들은 둘로, 넷으로, 그 다음에는 여덟, 열여섯, 서른둘 등으로 분열되어 아주 빠르게 천문학적인 양에 도달합니다. 그 시기에 지구에서는 그 어떤 것도 분열하는 세포들을 파괴시킬 수도, 그것들이 증식하는 것을 막을 수도 없었습니다. 오늘날이라면 새로운 생명이 출현하려는 시도는 모두 현재의 생명체들에 의해 가로막힐 것입니다. 막 태어난 생명은 자기 뒤에 있는 다리들을 끊어버렸습니다. 어떻게 보면 생명이 지구를 오염시킨 것이죠.

DNA를 발견하게 하고 그것이 보편화되도록 이끌었던 자연의 '논리'가 있다고 말할 수 있을까요?

아니요. 자연은 그 무엇도 '발견'하지 않으며, 의도도 없습니다. 자연은 오로지 제거를 통해 처리합니다. DNA는 생명 조직들의 다양성을 상당한 정도로까지 허용합니다. DNA 덕분에 재생될 수 있던 조직들은 논리적으로 번식했습니다. DNA가 필요불가결해진 것은 바로 이 때문이었습니다.

다른 행성에도 만약 생명이 존재했다면 역시 DNA에 기반을 두었을까요?

아마도 그럴 것입니다. DNA는 우주의 논리적인 화학적 진화에 기입되어 있으니까요.

적색과 녹색으로 나뉘다

이 최초의 방울들은 어떻게 진화하나요?

일부는 발효 메커니즘을 선택합니다. 이 메커니즘을 선택한 방울들은 이후 대양 속에서 용해될 상당한 양의 메탄과 이산화탄소를 배출합니다. 이런 시스템은 오늘날에도 여전히 존재합니다. 반추동물[1]의 제1위(혹위) 속에서, 우리 몸속 결장 등에서 말이죠. 박테리아는 산소가 없을 때 발효하고, 메탄과 가스, 우리가 살기 위해 필요한 물질들을 생성합니다. 하지만 그 메커니즘이 그렇게 효율적인 것은 아닙니다.

더 나은 것이 있나요?

광합성과 호흡 작용이라는 꽤 괜찮은 두 가지 발명이 일어납니다. 광합성은 엽록소에 기반을 두며, 호흡은 헤모글로빈을 기반으로 삼지요. 엽록소와 헤모글로빈, 두 분자가 거의 동일한 것을 보면 이들은 동일한 '조상' 분자에서 생겨난 것이 분명합니다. 그

---

1 소화 과정에서 한 번 삼킨 먹이를 게워내어 다시 씹어 먹는 특성을 가진 동물. 소, 양, 낙타 따위가 있다.

때 이 두 범주 사이에 분열이 일어납니다. 한편에는 대양 속의 여과성 태양빛과 발효물질들이 발산한 이산화탄소(이것이 광합성입니다)를 이용하여 직접 에너지를 만드는 방울들이 있고, 다른 한편에는 에너지가 풍부한 물질들과 다른 것들이 거부한 산소(이것이 호흡입니다)를 흡수하고 제 양식을 찾으러 이동해야만 하는 방울들이 있습니다. 이것이 미래의 박테리아와 미래의 해초 사이의, 동물계와 식물계 사이의 이혼입니다.

벌써요? 그 또한 초기 단계에서 일어난 일입니까?

그렇게 생각합니다. 생명의 나무는 최초의 세포들이 출현한 후 매우 일찍부터 가지를 뻗었습니다. 최근 오스트레일리아에서 발견된 미생물의 가장 오래된 화석들은 35억 년 된 광합성 박테리아의 유해들입니다.

최초의 분열

두 세계는 분리되지만, 여전히 서로에게 종속되어 있군요.

맞습니다. 두 세계는 공생 관계에 놓이게 됩니다. 광합성 세포들은 이산화탄소와 물을 이용하여 산소와 당분을 만듭니다. 다른 세포들은 산소를 촉매로 당을 연소시키기 위해 광합성 세포가 만든 산소와 당분을 흡수합니다. 이와 함께 이산화탄소와 무기염을 뱉어 내죠.

자연의 최초의 식사로군요.

그렇습니다. 세포들이 다른 세포들을 '먹는' 겁니다. 이런 과정으로 환경은 변화합니다. 광합성이 시작되면서 산소가 대량 방출되고, 이로부터 대기 상층부에 저 유명한 오존층이 생겨납니다. 오존층은 자외선을 막는 장벽을 형성하고, 세균이 증식할 수 있게 지켜주는, 일종의 피부와 같은 보호물을 만들어 냅니다.

방울들은 지금은 세포라고 불리지요?

그렇습니다. 그리고 이 최초의 세포들이 이제 진화를 계속해서 하나의 핵을 갖추게 됩니다. 최신 이론에서는 이 새로운 단계가 어떤 기이한 조합으로부터 생겨났을 것이라고 합니다. 구체적으로 말해 보면, 식물세포는 어떤 숙주세포에서 태어났을 것입니다. 이 숙주세포는 엽록체로 변할 가능성이 있는 광합성 해초를 선택한 것인데, 이 광합성 해초는 일종의 불법 점거자로 볼 수 있습니다. 여기에 균형을 맞추어 동물세포는 또 다른 유형의 불법 점거자인 박테리아와 공생한 또 다른 숙주세포에서 태어났을 것입니다. 광합성 해초가 엽록체가 된 것처럼 이 박테리아 역시 미토콘드리아[1]가 되었을 것입니다. 미토콘드리아는 진화를 거친 모든 살아 있는 세포들 속에 존재하는 것으로, 에너지를 생산하는 일종의 아주 작은 발전소라 할 수 있습니다.

기생의 형식을 취하는 건가요?

어떤 관점에서는요. 그보다는 차라리 공생 관계라 하는 것이 더 적절합니다. 예를 들어 이 미생물들은 이동할 수 있게 해 주는 편모를 획득함으로써 곧 완벽해집니다. 결국 해초와 박테리아 옆에서 핵을 가진 또 다른 계열의 세포, 움직일 수 있는 포식성 세포들이 증식합니다. 이 세포들의 세포막에 뚫려 있는 구멍에는 해초와 박테리아를 유인하는 진동성 섬모가 있으며, 이를 이용해 내부에 지니고 있던 폐기물을 뱉어냅니다.

---

1 세균 및 바이러스를 제외한 모든 생물의 세포 안에 있는 중요한 세포소기관으로, 에너지를 합성하는 역할을 한다.

이 방울들은 다르게 진화할 수도 있었나요?

자연은 틀림없이 생식과 신진대사의 모든 가능한 형식을 알고 있었던 것 같습니다. 자연은 사방에 싹을 틔웠지만 우리가 익히 아는 그 생명이 다른 모든 흔적들을 없애버렸습니다. 지구에는 대양의 가장 깊은 곳에 또 다른 형태의 생명, 즉 마그마가 다시 지면으로 솟아난 곳 주변에 매우 희귀한 형태의 생명이 생겨났습니다. 바로 온통 붉고 노란 여러 종류의 해저 오아시스들인데, 여기에는 엽록소가 없어 초록색을 띠지 않습니다. 박테리아가 아주 작은 세포에게 먹히고, 또 아주 작은 물고기가 이 세포를 먹고, 좀 더 덩치가 큰 물고기가 이 작은 물고기들을 먹는 식으로 이 환경은 굴러갑니다.

생명체의 빛깔들

생명의 역사에서 자연은 결코 뒤로 뒷걸음질 치지 않습니다. 무조건 직진하여 가장 복잡한 단계를 향해 돌진합니다. 이것을 보면 자연에 기억력이 있다고 할 수 있을까요?

    분자 하나가 하나의 형식인 동시에 다른 분자들에게 하나의
정보라는 의미에서 일종의 화학적 기억은 있습니다. 이 형식들은
상호보완적이어서 서로가 서로에게 끼워지고, 친화력이 있으며,
서로를 알아봅니다. 분자의 세계는 기호들의 세계이고, 화학이 분
자들의 언어입니다. 일부 분자 집단은 멀리서 에너지를 조정하고,
또 다른 분자 집단은 생식에 적합하며, 물과 분리되는 것들도 있고
구름 같은 전자 무리를 끌어당기는 것들도 있습니다. 이것이 가령
색소들이 하는 일입니다. 생명이 왜 그렇게 원색적인지 이유를 아
십니까?

예쁘려고 그런 것만은 아닐 것 같은데요.

    그런 이유만은 아닙니다. 색소는 하나하나가 매우 유동적인
전자들을 가지고 있는 분자입니다. 이러한 특성 때문에 색소는 빛
의 알갱이인 광자들을 흡수할 수 있으며, 일정한 스펙트럼을 방출
하고, 그 결과 물질을 착색시킵니다. 하지만 그와 동시에 이 특성
은 생물의 조직에 들어가는 분자사슬의 구성을 용이하게 합니다.
색소는 많은 에너지를 필요로 하지 않는 미세한 내적 변화를 기획
합니다. 헤모글로빈과 엽록소가 생명체의 구성에 포함되고, 혈액
이 붉은색이고 잎사귀는 초록색인 것은 헤모글로빈과 엽록소가

이러한 속성들을 가지고 있기 때문입니다.

아름다움은 덤이군요. 그럼 생명의 세계는 회색일 수가 없었겠네요?

아마도요. 완전히 희지도 완전히 검지도 않았습니다. 색채는 생명과 긴밀하게 결합되어 있습니다.

생명의 역사가 특별해 보이는 이유

한 번 더 시간이 역사의 이 부분에서 기본적인 역할을 했군요.

맞습니다. 시간은 진화의 국면들에 따라 단축되거나 연장됩니다. 매우 반응성이 좋은 분자의 출현은 시공간을 집중시킵니다. 이 분자는 주변 환경을 침범하여, 진화하기 위해 수천 년의 시간을 필요로 했던 다른 분자들을 순식간에 중화시킬 수 있습니다.

초기 지구에서 최초의 세포가 등장하기까지, 그 이후의 시나리오에 빈 곳은 없나요?

몇 군데 누락된 부분이 있기는 하지만, 그 시나리오의 위대한 단계들을 알고 있습니다. 그렇지만 가령 생식 구조가 어떻게 필수 불가결한 것이 되었는지에 대해서는 그다지 잘 알지 못합니다. 여전히 생명이 다른 곳에서 탄생했을 수도 있다고 생각하는 연구자들도 있고, 어떤 운석을 통해 지구로 운반되어 지구를 오염시켰을 것이라고 생각하는 연구자들도 있습니다. 완전히 터무니없는 얘기는 아닙니다.

실험실에서 화학적으로 합성해 이 진화를 재현하고, 시험관에서 생명을 만들 수 있을까요?

거의 그렇습니다. 많은 과학자들이 그렇게 재현해 보기를 소원합니다. 그것은 '인공 생명'이라 불리는 매우 최신 분야인데, 몇 가지 접근 방식을 가지고 있습니다. 분자들의 합성을 실현해 볼 수도 있고, 생식이 가능한 분자들을 제조할 수 있는 다윈의 선택 조건을 조성함으로써 시험관 속에서 자연적인 진화를 일으켜 볼 수도 있습니다. 또한 컴퓨터 시뮬레이션을 이용해 몇몇 단계를 건너뛸 수도 있습니다. 오늘날에는 심지어 새로운 상황에 자발적으로 적응하고, 계단을 올라가고, 넘어지면 다시 일어서고, 열기를 피하고, 저희들끼리 신호를 주고받을 수 있는 로봇 곤충을 만들어 내기에 이르렀습니다. 규소를 기반으로 한 생명의 다른 형태들을 만들어 보고 싶어 하는 연구자들도 있죠.

우주의 진화에서와 마찬가지로 이 이야기에도 일종의 논리가 있다는 사실을 인정할 수밖에 없습니다. 생물학자 프랑수아 자코브[1]가 암시했던 것처럼, 이것이 생명체의 논리일까요?

그보다는 차라리 불가역적 상황과 새로운 속성들에게로 이끌어 가는 연속적인 화학 반응들이라고 말합시다. 이 모든 것은 하나의 역사를 이룹니다. 우리가 그 역사의 끝에 있으며, 우리는 그 역사를 되짚어 보고 있습니다. 그것이 우리의 역사인 이상, 우리는 그것을 유일하다고 생각합니다.

그래도 이 얼마나 우연의 일치입니까!

그것은 우연의 일치가 아닙니다. 우리에게 기이한 전쟁 이야기를 하고 있는 군인을 관찰한다고 생각해 보죠. 이 군인은 아파트

---

1 1920~2013. 프랑스의 분자생물학자로 자크 모노와 함께 대장균을 이용하여 유전자의 단백질 합성에 대한 조절 능력을 밝힌 오페론설을 제창하였다. 이후 르보프, 모노와 함께 노벨생리학상·의학상을 공동으로 수상했다.

에 있었는데 미사일이 건물에 떨어졌고, 그는 침대 밑에 기어들어가 몸을 보호했습니다. 임무 수행 중에 그는 낙하산을 매고 뛰어내렸는데 낙하산이 진로를 바꿔 떨어지는 바람에 늪지에 떨어졌지만, 그 늪이 충격을 줄여 주었습니다. 그의 이야기가 믿기지 않는다고 느끼는 이유는 매우 단순하게도 그가 직접 우리에게 그 이야기를 하고 있기 때문입니다. 비극적인 결말로 끝나는 군인들의 이야기는 무수히 많지만, 그들은 우리에게 직접 이야기를 할 수 없습니다. 생명이 바로 그렇습니다. 생명이 우리에게 일련의 우연의 일치로부터 생겨난 듯이 보이는 이유는 아직 끝에 도달하지 못한 수백만 개의 자취들을 우리가 잊고 있기 때문입니다. 우리의 역사는 우리가 재구성할 수 있는 유일한 이야기입니다. 바로 이 사실이 우리의 역사가 우리에게 그토록 특별하게 보이는 이유입니다.

3장

고독한 세포에서
다채로운 종의 세계로

오랫동안 고독했던 세포들이 서로 다시 만난다. 총천연색의 다채로운 세계가 펼쳐진다. 종들은 태어나고 죽고 다양해졌다. 생명이 자라나고 번식한다.

세포들의 연대

이 단계에서 지구는 대양 속에서 평화롭게 살고 있는 세포들로 가득 찹니다. 세포들은 이렇게 잘 살아갈 수 있었을 것 같은데요.

그렇지만 세포들이 진화할 수밖에 없는 순간이 도래합니다.

최초의 세포들이 증식하면서 주변에 자신이 뱉어 낸 폐기물에 중독되어 죽기 때문입니다. 시작부터 생명은 개체들을 재결집하는 자연적인 경향을 보입니다. 세포의 '사회'들이 진화에서 이점을 얻는 것은 명백합니다. 고립된 세포들보다 더 잘 보호받고 더 잘 살아남으니까요.

그 사회들은 어떻게 이루어지나요?

현재에도 존재하는 학명 딕티오스텔리움이라는 아메바의 행위를 통해 이해해 볼 수 있습니다. 아메바는 박테리아를 먹고 삽니다. 우리가 먹이와 물을 빼앗으면 아메바는 스트레스 호르몬을 내보냅니다. 그러면 다른 아메바들이 그 아메바와 합류하면서 대략 1,000개의 개체들이 집적된 집단이 형성됩니다. 마치 먹이를 찾아 이동하는 민달팽이 같습니다. 먹이를 발견하지 못하면 아메바들은 굳어져서 받침대와 포자를 만들고 완전히 건조해진 채 무한정 기다립니다. 여기에 물을 첨가하면 포자가 발아하여 아메바들은 다시 독립적으로 움직이게 되죠. 편모가 있는 작은 세포인 볼복스도 아메바와 같은 방식으로 행동합니다. 영양소가 부족한 환경에서 볼복스는 젤 같은 것을 분비하고 서로 들러붙어 한 방향으로 움직입니다. 이때 바깥쪽에 있는 편모들은 조직적으로 하나의 동일한 개체로 움직입니다.

최초의 다세포 유기체는 이런 식으로 만들어졌을까요?

생명이 출현한 초창기에는 유사한 사회화 논리가 작용했을 가능성이 있습니다. 세포들의 최초의 결합은 중앙에 있는 관을 통해 폐기물을 밖으로 배출했습니다. 일종의 하수 시스템이죠. 다른 것들은 방추형 모양을 하고 있으며, 앞부분에는 조정 시스템을 가지고 있고 옆 또는 뒷부분에 추진 시스템을 갖추고 있습니다. 이런 식으로 세포들이 함께 엮여 있는 거죠.

이 최초의 세포 꾸러미들은 무엇과 비슷하다고 할 수 있을까요?

그것들은 수천 개의 개체들로 이루어져 있고, 투명한 작은 젤리를 만들어 냅니다. 이것이 바로 지렁이, 해면동물, 원시적인 작은 해파리 같은 최초의 해저 유기체들입니다. 이런 변형은 수십만년에 걸쳐서 진행됩니다. 진화에 가속이 붙습니다.

분업이 이루어지다

이 새로운 조합은 이전과는 많이 다르군요.

그렇습니다. 물질은 일반적으로 산더미처럼 쌓인 서로 동일한 원자들로 이루어져 있습니다. 생명체의 세계에서 서로 결합된 세포들은 조직 내에서 차지하고 있는 위치에 따라 분화됩니다. 그들 중 어떤 것들은 이동에 특화되고, 또 다른 것들은 소화에, 또 다른 것들은 에너지 저장소로 전문화됩니다. 차츰차츰 세대를 이어 번식하면서, 이 유기체들은 후손에게 전문화된 속성들을 전달합니다.

이번에도 그 현상을 생존의 긴박성으로 설명할 수 있습니까?

그렇습니다. 전문화된 세포들로 구성된 유기체는 동일한 세포들의 집단보다 더 잘 저항합니다. 다양한 방식으로 환경의 공격에 대응할 수 있어 생존의 기회를 더 많이 제공하기 때문이죠. 한 방향으로 통제된 시스템은 언제나 결국 사라지고 맙니다.

하지만 세포들이 서로 결합하도록 부추기는 것은 무엇일까요? 세포들이

"결합하는 것이 내가 살아남기에 더 유리해"라고 생각하지는 않을 텐데요!

당연히 그렇지 않지요! 그렇게 하면 이득이 있다는 것을 세포들이 알지는 못합니다. 하지만 동료들과 연결되도록 유인하는 접촉 메커니즘을 지니고 있어서 서로 물질을 교환하죠. 이러한 화학적 소통과 유전자에 관계하는 작은 변화들의 작용에 의해 마침내 세포는 전문성을 갖추게 됩니다. 예를 들어 해파리는 이동하는 데 유리한 수축 시스템과 먹이를 향해 이동할 수 있게 해 주는 감각 시스템을 가지고 있습니다. 전체적인 기획이 각각의 세포들 속에 포함되어 있는 것이죠. 단 하나의 세포만으로도 유기체는 충분히 다시 활기를 찾을 수 있습니다.

그런데도 어쨌든 홀로 남아 있던 세포들이 살아남았고, 일부는 오늘날에도 생존해 있습니다. 그런 세포들은 왜 재결집하지 않았을까요?

그런 세포들은 혼자 있는 환경에 잘 적응했기 때문입니다. 짚신벌레나 아메바가 그런 경우입니다. 이들은 견고한 막의 보호 아래 쉽게 이동할 수 있게 해 주는 진동성 섬모들을 갖추고 있습니다. 또한 그들에게 빛에 대한 정보를 주는 감광성 점들과, 모든 종류의 먹이를 소화할 수 있는 유능한 효소들을 가지고 있습니다. 박테리아마저 후각 비슷한 것을 가지고 있습니다. 화학수용체가 편모를 이용하여 의사소통을 하고, 우리가 음식 냄새를 맡듯이 그 박테리아를 먹이가 가장 풍부한 환경으로 인도합니다.

유성생식 만세!

세포 몇 개로 이루어진 유기체들은 어떻게 진화를 계속하게 됩니까?

해초, 아메바, 해면 같은 가장 단순한 다세포에서 출발하여 생명의 나무는 세 개의 큰 가지로 나뉘어 발전합니다. 균류, 고사리류, 이끼류, 꽃피는 식물의 가지. 벌레, 연체동물류, 갑각류, 거미류, 곤충류의 가지. 그리고 물고기, 파충류, 원삭 동물[1], 이어서 조류와 양서류[2], 포유류 등의 가지로 말이지요.

그리고 이어서 매우 중요한 것이 발명되는데, 바로 성性입니다. 그때까지 세포는 말 그대로 동성 간 생식, 즉 무성생식을 했습니다. 성별이 출현하면서

---

[1] 척추뼈 없이 연골뼈로 몸을 지탱하는 동물로 멍게가 이에 속한다. 모두 바다에 서식하며 대부분 한 자리에 붙어서 생활한다.

[2] 어류와 파충류의 중간으로, 땅 위 또는 물속에 산다. 개구리와 도롱뇽 따위가 있다.

두 생명체는 자신과는 다른 제3의 생명체를 내놓습니다. 그것을 발명해 낸 꾀돌이가 대체 무엇이었나요?

어떤 논문들은 성적 현상은 동종을 잡아먹는 카니발리즘 Cannibalism에서 생겨났을 것이라고 추측합니다. 세포가 서로를 잡아 먹음으로써 다른 종의 유전자를 통합할 수 있었을 것이고, 이어서 그것들이 서로 뒤섞였으리라는 거지요. 박테리아에게서 이런 현상이 나타납니다. 박테리아들 중 일부가 서로의 유전 물질을 교환합니다. 그리고 곧이어 기관이 점점 더 복잡해지자 이 박테리아들은 생식에 특화된 세포, 즉 각 세포에 기관의 유전자 중 반이 함유된 생식세포를 가지게 됩니다. 이로써 성이 보편화되는 것이죠.

그때 이후로 생명의 세계가 점점 더 다양해지는 거군요.

이것은 하나의 혁명입니다. 성 덕분에 자연은 유전자를 뒤섞을 수 있게 되었고 다양성이 폭발했습니다. 생물학적 진화라는 대 모험이 시작된 것입니다. 어디에도 가닿지 못한 자취들, 살아남지 못한 종들 등 셀 수도 없이 많은 시도들이 실패합니다. 자연은 거대한 규모로 진짜 테스트를 합니다. 새로 만들어진 종이 적응을 하지 못하면, 그 종은 사라지고 마는 것이죠.

성은 왜 둘로 결정되었을까요? 셋은 안 되나요?

유전자 혼합은 DNA의 두 가닥을 가지고 복제 과정을 작동시킵니다. 수정된 알 속에서 염색체 쌍을 혼합시키려면 극도로 복잡한 생체 기구가 필요합니다. 이때 생체 기구가 세 개의 유전형질을 혼합해야 한다면, 그 기구는 훨씬 더 복잡해야 할 것입니다. 종의 성별이 세 가지로 진화되었다면 살아남지 못했겠죠.

피할 수 없는 죽음

또 다른 결정적인 현상이 일어나지요. 유기체의 내부에 시간이 도입됩니다. 다시 말하면 개체는 끝이 정해진 소멸에 이르는데, 이는 죽음을 가져오는 노화를 말합니다. 우리는 진정 죽음 없이 지낼 수는 없었을까요?

죽음은 성별만큼이나 중요합니다. 죽음은 원자와 분자, 그리고 자연이 계속해서 발달하는 데 필요한 무기염을 순환시킵니다. 죽음은 원자들을 재활용될 수 있게 합니다. 이 원자들의 수는 빅뱅 이후 변하지 않고 일정하죠. 죽음 덕분에 동물의 생명은 재생될 수 있는 것입니다.

유기체가 처음 등장한 이후로 죽음은 늘 있었습니까?

그렇습니다. 해파리 역시 노화합니다. 모든 생명체에서 세포는 영원히 재생산되지만, 그 내부에는 복제 수를 40에서 50으로 제한하는 일종의 생체 시계인 화학적 발진기가 있습니다. 세포가 이 단계에 이르면 유전자에 프로그램화된 구조가 세포들을 스스로 죽게 만듭니다. 세포들은 죽습니다. 이 치명적인 운명에서 벗어날 수 있는 것은 암세포뿐입니다. 암세포들은 배아세포들이 그렇게 하듯이 전문화되지도 차별화되지도 않은 채 무한히 증식합니다.

그렇지만 암세포의 불멸성은 자신이 속한 유기체의 죽음을 초래합니다. 그렇다면 죽음은 생명의 필연이라고 말할 수 있나요?

그럼요. 그것은 생명체의 논리입니다. 세포가 분열을 거듭하다 보면 유전 메시지를 잘못 전달하게 됩니다. 시간이 흐르면서 이러한 오류가 축적되죠. 마침내 너무도 많은 오류가 쌓이면 유기체는 파괴되고 죽습니다. 죽음은 불가피한 현상입니다. 죽음이 개체에게 선물이 아닌 것은 분명하지만 종에게는 이점이 됩니다. 죽음은 종의 기능을 최상으로 유지하게 해 주기 때문입니다.

이렇게 성별과 죽음이 나타난 상태에서, 이보다 더 나은 진화가 이루어질 수 있나요?

그 이상의 완성의 단계로 나아가는 것입니다. 생명의 세계는 그런 방식으로 에너지 제조 방식을 선택해 나갑니다. 당을 먹이로 사용함으로써 생명계는 신진대사를 활발하게 만들고 근육을 발달시킵니다. 이는 생명계가 움직이고, 수용하고, 날아오르고, 달리고, 세계를 정복할 수 있게 해 줍니다. 동시에 감각이 유기체의 활동을 조직합니다. 그리고 면역체계, 호르몬체계, 신경체계가 새로이 출현합니다. 면역체계는 기생충이나 바이러스로부터 자신을 지키게 해 주고, 호르몬체계는 생체리듬과 유성생식을 조정할 수 있게 해 주며, 신경체계는 유기체 내부의 소통을 관장합니다.

신경체계는 언제쯤 나타납니까?

최초의 유기체, 해파리, 원시 물고기들은 생식을 위해 자신들의 세포들을 조정할 필요가 있었습니다. 그래서 그들은 정보를 순환시키는 데 특화된 관을 가지고 있었죠. 수천 개의 세포로만 구성된 지렁이는 머리와 신경절에 집중되는 신경섬유를 가지고 있습니다. 진화 과정에서 이 장치는 뇌 속에 집결되는, 상호 연결된 뉴런망을 형성하기 위해 여러 갈래로 나뉩니다. 실제로 신경, 호르몬, 면역체계들은 동물이 물 밖으로 나오는 순간부터 등장합니다.

만일 눈물이 없었다면

이들을 물 밖으로 나오게 한 것은 무엇입니까?

대양 속에서 종들은 빠른 속도로 증식합니다. 그 결과 경쟁이 지배적이 되죠. 그렇게 되면 알을 낳기 위해 바다로 돌아오면서도 위험을 무릅쓰고라도 육지에서 먹이를 찾는 모험을 벌이는 것이 더 유리해집니다. 아마도 최초로 이 공식을 실험해 본 것은 이크티오스테가라고 불리는 이상한 물고기였을 것입니다. 이 생명체는 커다란 지느러미를 가지고 있으며, 작은 벌레를 감지하기 위해 돌출된 안구를 때때로 작은 석호의 물 밖으로 꺼내기도 했습니다. 공기 중에 있는 산소를 끌어 모을 수 있는 아가미 덕분에, 그리고 눈물 덕분에, 세대를 거듭하면서 이 종의 후손들은 더 오랫동안 딱딱한 육지에서 위험을 무릅쓸 수 있게 되었습니다. 실제로 이 물고기는 물속에서와 마찬가지로 공기 중에서도 사물을 보기 위해 눈을 촉촉한 상태로 유지해야 했죠. 연이은 선택을 통해 종은 점점 개량

됩니다. 지느러미는 더 견고해져서 꼬리가 되고 그 후손들은 양서류가 됩니다. 이 물고기에게 눈물이 없었다면 우리는 여기 없을 것입니다!

대기 중에 있는 생명이 진화에 도움을 주었단 거군요?

그렇습니다. 공기 중에서 소통은 더 직접적이고 더 빠르며 더 간단하게 이루어집니다. 먹이를 획득할 가능성도 더 크지만 생명에게 산소는 독입니다. 산소는 세포를 파괴시켜 때 이른 노화를 초래하는 활성산소[1], 불균형 분자들을 만들어내는 데 기여하니까요. 하지만 유기체에 에너지를 제공하고 진화를 진전시키려면 산소가 절대적으로 필요합니다.

지구 환경의 이 새로운 변형력들은 어떻게 유기체의 개량을 가속화시키게 됩니까?

골격의 출현과 함께 동물은 무게로부터 자유로울 만큼 충분

---

1 동식물의 체내 세포들의 대사과정에서 생성되는 산소화합물. 활성산소가 적당히 있으면 세균 등으로부터 몸을 지키지만 너무 많으면 정상세포까지 공격하여 질병과 노화를 일으킨다.

히 견고해집니다. 근육이 생겨나 동물은 더 이상 지렁이나 해파리처럼 물렁물렁한 젤리 상태의 걸쭉한 죽이 아닐 수 있게 됩니다. 또한 제 주변 환경에 역학적 압력을 가하고, 몸을 보호하는 지방과 뇌의 무게를 지탱할 수 있게 됩니다. 모든 것이 더 다양해집니다. 신진대사, 운동체계 등. 그러는 동안 식물은 잎사귀로 태양 에너지를 끌어 모으고 수액으로 에너지를 운송할 수 있는 체계를 선택합니다.

식물이 적응한 방법

식물은 왜 동물들이 발명한 이 모든 놀라운 것들을 발달시키지 못했나요?

대양의 표면에서 진화하는 해초들을 제외한 식물들은 부동성이라는 특징 덕분에 더 경제적인 길로 접어듭니다. 식물은 에너지를 과소비하지 않을 수 있게 된 것이죠. 식물의 생활 방식은 단순합니다. 광합성을 통해 태양 에너지를 바로 화학 에너지로 변형시키고, 뿌리로 무기염과 물을 길어 올리죠. 신기한 것은 유동적이고 다양한 방법을 사용하는 식물의 생식 체계입니다. 식물 역시 매우 풍요로운 성을 물려받았고 여기에 놀라울 정도로 잘 적응했습니다. 이러한 사실은 수천 살 나이를 먹은 거대한 세쿼이아의 밑동에 서식하는 버섯이나 더 간단하게는 산에 있는 흔한 소나무를 지켜보는 것으로도 쉽게 알 수 있지요.

어떤 점에서 그것들이 훌륭한 적응의 결과가 됩니까?

식물은 숲속에서 자라기 위해 일정한 온도를 필요로 합니다. 앞에서 우리가 상상해 본 우리 행성의 데이지들처럼, 검거나 거무칙칙한 나무들은 태양의 약한 빛을 더 많이 끌어 모아 제 주변을 따뜻하게 만들어서 성장에 유리한 국지적 기후를 만들어 냅니다. 하지만 겨울에는 나무에 눈이 쌓여 하얘지죠. 그런 상태로 너무 오랫동안 있으면, 나무들은 유리한 조건을 계속 확보할 수 없을 것입니다. 그런데 나뭇가지가 아래로 처지면서 뾰족해지기 때문에 눈은 금새 땅으로 떨어져 녹아버립니다. 그리하여 나무는 다시 제 색깔을 되찾게 되고 기온도 더 빠르게 상승합니다. 진화는 악천후에 더 잘 저항한 이런 유형의 나무들을 붙잡아 둡니다. 이것이 우리가 산에서 소나무를 볼 수 있는 이유죠.

또 그들의 놀라운 적응력에 감탄하는 이유이기도 하지요. 한 가지 순진한 질문을 하자면, 왜 식물은 뇌를 발달시키지 못했을까요?

움직이지 않는 존재들에게는 복잡한 결합 기능들이 필요하지 않습니다. 식물은 동물처럼 달아나고 자신을 보호하고 맞서 싸워야 할 필요가 없죠. 그런데 식물에게서 일종의 면역체계와 소통체계, 그리고 심지어 신경체계에 상응하는 기관마저 발견되기 시작합니다. 식물은 침입자로부터 자신들을 보호하는 고도의 조직들을 가지고 있습니다. 예를 들어 일종의 식물 '호르몬'이 있어 식물들도 방어기제를 동원할 수 있습니다. 또한 나무가 자신을 공격하는 존재가 앞에 있다는 것을 멀리서 '미리 감지한다'는 것도 우리는 알게 되었죠.

'미리 감지한다'고요?

그렇습니다. 낮은 곳에 있는 나뭇가지를 먹고 싶어 하는 포식동물이 앞에 있으면, 어떤 나무들은 휘발성 생성물을 발산합니다. 이 물질은 나무에서 나무로 옮겨 다니며 단백질 생성에 변화를 일으켜 잎사귀에서 불쾌한 맛이 나도록 만듭니다. 그렇다고 아파트에 있는 식물들에게 말을 걸어야 한다고까지 말하지는 않겠습니다.

그렇다 하더라도 동물이 복합성 면에서 가장 멀리 나아갔다고 단언할 수 있습니다. 그렇지 않나요?

환경에 적응하는 데서 동물계가 식물계보다 훨씬 더 풍성함을 보여 주는 것은 사실입니다. 달리고, 땅을 파고, 구멍을 파고들고, 헤엄을 치고, 날아오르고, 기어오르는 종들이 있습니다. 암수 풍뎅이에서 문어의 발에 이르기까지 동물은 수도 없이 많은 책략을 발전시켰고 발톱, 날개, 부리, 지느러미, 갑각, 촉수, 독 등 무기들을 발명했어요.

진화와 도태의 과정

그렇다면 '동물'이 이것들을 발명한 거군요.

정확히는 동물이 발명한 것은 아닙니다. 언급한 무기들은 가장 부적격한 것을 제거하는 '선택' 현상으로 나타난 결과입니다. 나무 구멍 속에 살면서 작은 벌레만 먹고 사는 큰 부리 참새를 예로 들어 봅시다. 이 참새들은 수가 너무 많고 부지런해서 결국에는 나무껍질에 붙어 있는 벌레들을 모두 없애버리고 맙니다. 먹이가 없어지면 종의 대부분이 죽습니다. 하지만 소수의 참새들이 우연히 불시에 생겨난 돌연변이로 인해 다른 것들보다 뾰족하고 긴 부리를 가지게 됩니다. 이런 부리를 가진 참새들의 후손들은 더 깊은 구멍 속으로 벌레를 찾아 들어갈 수 있게 되고, 먹이가 부족한 상황을 더 잘 견딜 수 있게 됩니다. 그 결과 뾰족한 부리를 가진 참새의 혈통이 절대적으로 필요해집니다. 세대를 거듭하면서 대부분이 뾰족하고 긴 부리를 가지게 될 것입니다. 그렇다고 해서 참새들이 이 신기한 계책을 '발명'했다고 말할 수는 없습니다. 실상은 그 반대입니다. 더 가는 부리를 갖게 해 주는 돌연변이의 기회를 갖지 못한 참새들이 죽는 것입니다.

진화의 과정에 어떤 의도는 없는 거로군요.

네, 없습니다. 진화는 수천 개의 해답을 동시에 시도하는데, 그중 일부만 성공하고 다른 것은 성공하지 못합니다. 살아남을 수 있게 해 주는 시도들만이 당연히 보존되겠지요.

이 말은 환경이 진화에 직접적으로 영향을 미친다는 것인가요?

오늘날 우리는 환경이 세포의 운동에 영향을 미친다고 생각합니다. 세포 내부에 독립적인 유전자 지도를 가지고 있으며 변화에 매우 민감한 하위 공장인 미토콘드리아를 매개로 해서 말이지요. 하지만 이것이 후손에게서 표출되지는 않습니다.

결국 오늘날 자연선택의 원리는 여전히 전적으로 타당한가요?

그렇습니다. 거기서 좋은 것과 좋지 않은 것을 결정하는 조물주라는 의미로 환경을 보지 않는다는 조건에서 말입니다. 이것은 지키고 저것은 버린다가 아닙니다. 그보다는 경쟁에 의한 배제라고 말하는 편이 낫겠습니다. 세대를 거듭하면서 가장 적응하지 못한 종들은 도태됩니다. 이 현상을 잘 이해하려면 지속적인 고려가 필요합니다. 아주 느리게 변화해 가는 연속적인 세대의 긴 사슬을 생각해야 하는 거죠.

자연이 발명한 종들과 해법들 중 압도적인 다수가 사라집니다. 진화가 진행을 멈추고 싶어 하는 시기, 생명계가 우리 행성의 데이지처럼 안정을 찾을 수 있는 시기는 없습니까?

없습니다. 왜냐하면 생명의 시작에서부터 다양성은 엄청나기 때문입니다. 위베르 리브스가 한 비유를 인용해 보면, 문자들이 너무 많아 단 하나의 단어만 구성할 수가 없습니다. 소행성에서라면 조야한 몇몇 종이 진화의 휴지기 또는 진화의 중재기에 안정성을 확립할 수 있었을까요? 하지만 지구에서는 그렇지 못했습니다. 지구의 크기, 지질 구조, 생물계, 무기질과 유기질의 관계, 그리고 종들이 적응 상태를 변화시키고 진화를 계속할 수밖에 없게끔 계속해서 환경을 변화시키기 때문입니다.

그리고 이는 족히 수억 년의 세월이 걸리죠.

그렇습니다. 이 선택은 이후로 계속 이어진 수백만 세대에게 작용합니다. 감각 구조는 섬세해지고 운동은 다양해집니다. 일부 종들은 서로 결합하여 진정한 집단적 유기체를 형성합니다. 예를 들어 벌집은 꿀벌들의 날갯짓으로 온도를 유지합니다. 그리고 꿀벌들의 마찰에서 생겨난 호르몬에 의해 물을 공급받습니다. 꿀벌들이 먹이를 찾기 위해 벌집을 떠날 때 꿀벌들은 춤을 추면서 다른 꿀벌에게 가장 가까운 샘의 위치를 알려 줍니다. 벌집은 이렇게 에너지를 절약하고 생존의 기회를 가장 효율적으로 활용합니다. 개미도 마찬가지입니다. 개미들은 애벌레를 키우고 와서 여왕개미를 돕고 서로 업무를 나눕니다. 원생식물인 볼복스의 세포와 비슷합니다. 그리고 개미들은 조직의 균형도 맞춥니다. 일개미의 30퍼센트를 없애더라도 이 개미 조직은 상황에 다시 적응하고 재조정하여 일개미의 비율을 회복시킬 것입니다.

하지만 개미는 자율적으로 행동할 수 없습니다.

계획하는 것은 아니지요. 개미들은 페로몬을 통해 개별적으로 소통할 뿐만 아니라 환경에 의해 집단적으로도 소통합니다. 어린 개미가 태어나면 조직망, 동류가 자취를 남긴 길들을 익힐 것입니다. 수천 마리의 개체들이 동시에 하는 행동은 일종의 집단 지성으로 이끕니다. 예를 들어 개미 무리는 먹이를 가져가기 위한 지름길을 선택할 줄 압니다. 개미가 수백만 년 전부터 존재해 온 것을 보면, 이 협력 방식은 비교적 성공적이었습니다. 지구에 핵 전쟁이 일어나더라도 개미들은 방사선에 저항할 수 있는 딱딱한 껍질을 지니고 있으며, 그들의 조직 방식 덕에 살아남을 가능성이 있습니다.

공룡들에게 찾아온 불운

개미와 박테리아의 세계라······. 멋진 전망입니다. 이 이야기를 따라가다 보면 우주의 진화처럼 생명의 진화도 혼돈을 최소화하기 위한 것이었다는 생각이 듭니다.

그렇습니다. 생명의 진화에는 계속해서 가속도가 붙었지만, 위기를 겪고 궁지에 몰리기도 했으며, 대대적인 멸종의 시기를 겪기도 했습니다. 2억 년 전에는 공룡이 지구를 지배했었습니다. 공룡처럼 모든 환경을 정복하는 데 성공한 종은 일찍이 없었습니다. 작은 공룡, 거대한 공룡, 채식 공룡, 육식 공룡, 달리는 공룡, 나는 공룡, 양서류 공룡 등. 어마어마한 다양성 때문에 공룡은 주변 환경에 적응할 수 있었어요.

그럼에도 불구하고 공룡은 결국 멸종하고 맙니다. 그렇다면 공룡의 적응력이 나빠서 사라진다는 가설은 터무니없는 것이군요?

전적으로 그렇습니다. 6,500만 년 전, 직경 5킬로미터에 달하는 거대한 운석이 유카탄 반도 근처에 있는 멕시코 만에 떨어졌습니다. 그 충격은 엄청나서 지구의 반대편까지 영향을 미칠 정도였고, 그 영향으로 마그마가 다시 분출했습니다. 이 이중의 폭발은 전 세계를 화염에 휩싸이게 만들었습니다. 숲은 불바다가 되었으며, 이산화탄소와 먼지가 방출되어 지구는 거대한 막으로 뒤덮였습니다. 어두워진 지구에는 끔찍한 추위가 들이닥쳤으며, 그와 동시에 온실효과가 야기되었습니다. 아마도 이 온실효과는 그 후에 다시 온도를 높여 주었을 것입니다.

그 과정에서 일부 종들만 살아남지요?

그렇습니다. 이동할 수 있고 적응력이 강하며 물건을 잡을 수 있는 손을 가진 여우원숭이류가 그 경우입니다. 이들은 울퉁불퉁한 바위들 사이로 피신하여 이후 포유류가 될 혈통을 탄생시키고, 이 혈통들이 그들 후손의 생존을 보장할 수 있는 새로운 우월성을 획득합니다. 몸속에 알을 지니면 알이 밖에 있는 경우보다 훨씬 더 알을 잘 보호할 수 있습니다. 수천 개의 알을 낳지만 그 알들이 흐트러지고 잡아먹히며 마구 없어지는 양서류를 생각해 보세요.

뇌에도 적용되는 자연선택의 원리

진짜 뇌는 어느 시기에 출현합니까?

물고기 다음으로는 척추동물, 조류, 파충류, 양서류 그리고 인간까지, 뇌는 연속적인 단계를 거치며 완성되어 왔습니다. 가장 초기의 뇌는 파충류의 뇌로, 원초적인 본능을 주관합니다. 생존, 식욕, 갈증, 공포, 그리고 결합을 유발하는 쾌락과 여기에 수반되는 고통까지도 모두 통괄하지요. 초기의 뇌는 불청객 앞에서 유기체가 유해물이나 독을 생성하게 하거나 침략자를 덮쳐서 공격하도록 유도하여 침입자에 대응합니다. 다음으로는 조류에서 발전한 단계가 나타나는데, 조류의 뇌는 인간의 중뇌에 해당합니다. 중뇌는 새끼들을 보살피고, 둥지를 만들고, 먹이를 찾아 이를 다시 나누고, 노래하고, 구애하는 행동과 같이 집단적인 메커니즘으로 유기체를 이끕니다. 이 뒤를 이어 세 번째로 발전한 단계가 바로 영장류 그리고 특히 인간의 뇌입니다. 추상적인 정보들과 의식, 지성을 도입한 대뇌피질이 발달했죠.

가장 놀라운 것은 우리가 도처에서, 우주에서, 분자들의 최초의 화학에서, 생물체들 사이에서, 그리고 신경생물학자 장 피에르 샹제[1]의 말을 믿는다면, 신생아의 뇌가 발달하는 시기에도 발견할 수 있는 저 선택의 원리입니다.

신경체계의 발달 역시 다윈의 자연선택의 원리를 따릅니다. 어린 동물이 성장할 때, 뉴런은 유전자에 새겨진 계획에 따름으로써 서로 꼬이게 됩니다. 하지만 두 뉴런은 그 둘이 한 회로 안에서

---

1 프랑스의 신경생물학자. 공저로 『물질, 정신, 그리고 수학』 등이 있다.

작동할 때에만, 주변 환경의 자극을 받을 때에만 접합합니다. 신생아가 영원히 어둠 속에 잠겨 있다면, 신생아의 시신경 뉴런은 서로 접속하지 않을 것입니다. 따라서 일정한 방식으로 개인에게 적절한 회로만 간직하는 어떤 선택이 있다고 할 수 있습니다. 배운다는 것은 곧 제거하는 것입니다.

인류학자인 스티브 J. 굴드[1]에 의하면, 각 사건은 심지어 무의미한 것조차도 역사의 흐름에 영향을 미칩니다. 프랭크 카프라의 영화에서처럼 말이지요. 생명은 아름답고, 모든 것이 변화하기 위해서는 아주 작은 변화만으로 충분합니다. 그 변화가 끊임없이 연속적인 결과들을 이어가니까요. 우리 혈통의 기원에 해당하는 벌레 피카이아가 등장하지 않았다면, 또는 공룡이 살아남았더라면 우리는 여기 없을 것입니다. 그러니까 굴드의 말에 따르면 진화에는 어떤 의미도 없었을 것입니다. 진화는 가장 잘 적응한 것들이 아니라 가장 운이 좋은 것들을 보존하니까요. 생명의 출현은 있을 법한 사건이지만, 그래도 인간이 엄청나게 운이 좋은 존재였다는 사실은 분명하지요.

　여우원숭이류가 살아남지 못했다면, 공룡이 사라졌을 때 구

---

1 1941~2002. 뉴욕에서 태어난 미국의 고생물학자, 진화생물학자, 과학사가. 굴드의 저서는 당대에 가장 널리 알려지고 가장 많이 읽힌 교양 과학 저서이기도 했다. 1972년에 닐스 엘드레지와 함께 단속평형설을 발표했는데, 생물이 상당 기간 안정적으로 종을 유지하다 특정한 시기에 종분화가 집중적으로 이루어진다는 이론이다.

멍 속에서 야생 열매들을 먹고 살 수 없었더라면, 우리는 여기 없을 것입니다. 이 역사에 숨어 있는 의도는 없습니다. 하지만 결과는 복합성이 증대된다는 것입니다. 지구와 동일한 조건에서 발전한 행성이 있다고 합시다. 그렇다면 생명체들이 존재할 수도 있고, 그들은 우리와 다르지 않게 생겼을 수도 있습니다. 타조가 악어와 다르게 생긴 것만큼 차이가 나지는 않을 수도 있죠. 우리처럼 팔다리, 두 개의 눈, 하나의 뇌, 운동체계를 가질 것입니다. 그리고 그 존재가 우리와 거의 동일한 진화 지점에 있을 확률도 매우 높습니다. 복합성으로 나아가는 법칙이 하나만 존재한다고는 말할 수 없습니다. 그러나 점점 더 커지고 점점 더 비물질화되는 지성으로 이끌어 가는 무엇인가가 조직되고 있다는 것은 확인할 수 있습니다. 그러나 진화의 역사는 아마도 스스로를 의식하는 어떤 의식이 만들어 낸 결과물일 것입니다.

기원들의 기억

인간의 뇌만 스스로 의문을 갖고 자문한다는 것 외에 다른 뇌들과 인간의 뇌를 구별해 주는 점이 있습니까?

그뿐만이 아닙니다. 인간의 뇌는 기능을 주변 환경 속에 표출할 수 있습니다. 도구는 손을 연장한 것이에요. 인간은 지금 다른 동물들이 하는 것을 모두 할 수 있습니다. 자동차를 이용하여 가젤처럼 달릴 수 있고, 행글라이더로 독수리처럼 날 수 있으며, 물속에서 돌고래처럼 앞으로 나아가고, 두더지처럼 땅 아래에서 재빨리 움직일 수도 있지요. 마스크, 안경, 낙하산, 날개, 바퀴 등도 있습니다. 또한 인간의 뇌는 문자를 통해 말을 보존하고 사고를 공간과 시간 속에 전달할 수 있게 함으로써 감각 기능을 연장시켜 왔습니다. 이것이 인간의 뇌를 특징짓는 것들입니다. 인간의 뇌는 단지 뉴런의 몰랑몰랑한 덩어리만도 아니고, 육체의 모든 회로를 집결시키는 기본 통신 장치만도 아니며, 컴퓨터만도 아닙니다. 또한 인간의 뇌는 지구 전체에서 다른 인간의 뇌와 접속한 채 외부로 확장되기도 합니다. 인간의 뇌는 행동과 성찰 속에서 뉴런들을 재구성하는, 지속적으로 재조직되는 유동적인 그물망 같은 것입니다.

지금까지의 역사를 통해 우리는 복합성이 단순한 사물들의 조합을 통해 전개되고 있다는 사실을 확인할 수 있었습니다. 우주의 시작에 존재했던 두 개의 쿼크, 석탄을 만드는 네 개의 대칭적인 원자들, 오로지 유전자를 이루는 네 개의 염기, 동물과 식물의 세계를 창립한 두 개의 유사한 분자들, 성을 이루는 두 개체들 등. 마치 각 단계마다 자연이 진보하기 위해 가장 단순한 길을 찾은 것 같아요.

어떤 면에서는 그렇지요. 복합성은 복잡함이 아닙니다. 복합성은 재생산되고 증식하는 단순한 요소들의 반복입니다. 오늘날 우리는 컴퓨터 화면에서 이 현상을 가상으로 복제할 수 있어요. 기본적인 형식에서 출발하여 '프랙털 형식'이라는 멋진 이름으로 불리는 정교한 설계도가 만들어지는 것을 볼 수도 있죠. 그것들은 나비의 날개, 해마의 꼬리, 산이나 구름들과 비슷합니다. 생명 또한 이렇게 반복돼요. 원자는 분자 속에 있고 분자는 세포 속에, 세포는 유기체 속에, 유기체는 사회 속에…….

그러니까 우리는 저 끼워 넣기 방식의 흔적을 우리 안에 지니고 있는 거군요.

바로 그렇습니다. 세 개의 층으로 이루어진 우리의 뇌는 진화의 기억을 간직하고 있습니다. 우리의 유전자도 그렇죠. 우리 세포는 초기 대양의 작은 조각과 같은 화학적 구성을 가지고 있습니다. 우리는 우리 안에 우리가 태어난 환경을 간직했습니다. 우리의 육체가 우리 기원에 관한 이야기를 하고 있는 것입니다.

3막

인간의 시작

도미니크 시모네가 묻고
이브 코팡이 답하다

1장

인류의 요람이 된
아프리카

> 영리한 작은 원숭이들이 많은 꽃들 속에서 태어난다. 건조한
> 기후를 견디기 위해서 그들의 후손들은 다시 몸을 일으켜 세
> 우고 새로운 세계를 발견한다.

별로 소개할 만하지 못한 조상

"인간이 원숭이의 후손이라는 것이 사실이라면 이 사실이 누설되지 않도록
기도합시다!" 1860년에 영국의 한 명망 있는 부인이 찰스 다윈이란 자의 진
화론을 발견하고 이렇게 외쳤습니다. 오늘날 그녀의 기도는 이루어지지 못
한 것 같군요. '그 사실'은 누설되었으니까요.

완전히 그렇지는 않습니다. 아시다시피 우리가 원숭이와 동족이었다는 사실을 받아들이는 것은 여전히 힘든 일이니까요. 인간의 동물적 기원은 매우 많은 철학적 또는 종교적 확신들과 부딪치기 때문에 여전히 많은 사람들이 주저합니다. 아주 오래된 브르타뉴 가문 출신인 저의 외할머니는 어느 날 제게 매우 진지하게 말씀하셨던 적이 있습니다. "얘야, 너는 원숭이의 후손일지 모르지만, 나는 아니야!" 많은 사람들이 아직도 이 주제에 관해 믿기지 않을 만큼 혼란스러워합니다. 우리가 원숭이의 후손이라고 주장할 때도, 일부는 우리가 침팬지에 대해 말하고 싶어 한다고 생각합니다.

인간은 원숭이류 전체의 후손이라기보다는 어느 원숭이 한 마리의 후손이 아닌가요?

맞습니다. 인간은 두 개의 계통 중 한 종에서 나왔습니다. 한편에는 아프리카 고등 원숭이의 계통이 있고, 다른 한편에는 전前 인류에 이어서 인류의 혈통의 공통된 조상이었던 종이 있죠. 그러므로 인간은 동물의 분류 내 그것의 '배열'의 관점에서 볼 때만 넓은 의미에서 원숭이라 할 수 있습니다. 인간의 특수성은 정확히 그 단순한 조건을 넘어서는 데 성공했다는 것입니다. 조엘 드 로스네가 앞에서 그 점을 상기시켰죠. 우리는 우리의 계보를 무시할 수 없습니다. 우리는 우리 몸속에 그 계통을 지니고 있어요.

과학자들도 그것을 인정하기가 다소 어려웠던 것 같아요.

사실 과학자들은 자신들이 발견한 이 최초의 사실, 생각했던 것과는 다른 의외의 사실에서 결코 회복되지 못했습니다. 인류의 기원에 관심을 가졌던 것은 지난 세기의 오랜 그리스도교 사회인 유럽이었습니다. 벨기에, 다음으로 독일에서 최초로 그것을 발견한 것도 유럽이었죠. 얼마나 충격적입니까! 유럽인들은 내놓기에 번듯한 조상을 발견하기를 기대했습니다. 인간은 신의 모습을 본따서 창조된 것이 아니었습니까? 이렇게 하늘에서 떨어졌다는 인간의 이미지는 예외적인 한 개인의 화석이 발견된 후 급정차합니다. 나중에 이해하게 되겠지만요.

그게 누구였습니까?

네안데르탈인입니다. 반구형의 낮은 머리, 퉁퉁 부은 얼굴, 모자의 챙 모양으로 높이 발달한 눈두덩을 가진 '못생긴' 존재가 발견된 것이죠. 그 당시에 뛰어난 학자들은 저 불쌍한 자를 계속해서

압박했습니다. 일부는 그가 관절염에 걸린 털이 많은 한 개인일 뿐이라고 주장했습니다. 또 다른 학자들에 따르면, 네안데르탈인은 외마디로 '위그!'[1]라는 소리만 낼 수 있었다고 합니다. 그 네안데르탈인을 우리의 가계도 안으로, 그것도 기껏해야 먼 사촌쯤으로 받아들이는 데만 수많은 세월이 걸렸다는 것은 말할 필요도 없습니다.

치아에서 전체 골격을 추적하는 기술

어떤 조상을 '발견'한다고 할 때, 실제로는 뼛조각 몇 개, 턱뼈 조각들 또는 치아 몇 개 정도 발견하는 것이 대부분입니다. 그렇게 작은 조각들로 어떻게 전체 골격을 복원시킬 수 있나요?

실제로 최초의 유해들은 대개 치아들인데, 그것만으로도 체형과 영양 상태에 관한 정보부터 신체의 나머지 부분까지 충분히 알 수 있습니다. 퀴비에가 고안한 비교해부학의 상관관계법칙 덕분에 우리는 어떤 치아가 어떤 유형의 턱뼈에 들어맞는지, 그 턱뼈가 어떤 유형의 두개골에 합치하는지, 그런 두개골이 어떤 유형

---

1 북아메리카 인디언들이 지혜를 얻었을 때 사용하던 단어.

의 척추 위에 위치하는지, 그런 척추는 어떤 유형의 팔다리뼈와 결합되는지, 그런 뼈대는 어떤 유형의 근육을 지탱하는지 등을 알 수 있습니다. 추론을 통해 치아에서부터 그 동물에 이르기까지 추적할 수 있는 것이지요.

치아만으로 해당 신체가 어떻게 발달되었는지, 그리고 어떤 행동을 했는지까지 추론할 수 있다고요?

그렇습니다. 예를 들어 치아의 법랑질[1]을 전자 현미경으로 관찰하면, 맨눈으로는 보이지 않는 미세한 줄무늬가 보입니다. 그 줄무늬는 치아가 발달해 온 방식을 보여 주고, 개인의 성장에 대한 여러 정보들도 제공합니다. 다른 한편 무릎 관절은 불안정한데 대퇴골이 비스듬하다면, 두 다리를 이용하여 나무에서 나무로 이동해 다녔다는 것을 알 수 있습니다. 물론 기본 정보들이 많으면 많을수록 복원은 더 정확해지겠지요

지난 세기에 이루어진 최초의 연구들 이후, 과학자들은 이러한 방식으로 저 모든 작은 뼛조각들을 추적함으로써 인간의 진화 경로를 총체적으로 발견할 수 있었습니까?

---

1 사람의 치아 가장 윗부분으로 하얀색의 무기질과 미네랄로 이루어져 있는 조직.

신기하게도, 연대를 거꾸로 거스르며 현 인류와 가장 가까운 생명체의 화석부터 차근차근 발견되었습니다. 먼저 근대인들을 발견한 뒤, 그전의 조상들을 발견한 거죠. 이러한 과정을 거친 발견들은 우리가 우리 조상들을 더 잘 알아볼 수 있도록, 그리고 조금이나마 더 쉽게 이들을 조상으로 받아들일 수 있도록 해 주었습니다. 먼저 우리는 인간이 우리가 믿는 것보다 훨씬 더 오래되었다는 생각을 받아들여야만 했습니다.

꽃과 함께 태어난 최초의 원숭이

그 기원을 지금은 어느 시기로 잡고 있습니까?

생명의 기원과 마찬가지로 인간의 '기원'도 정확하게 결정지을 수는 없습니다. 인류에 대한 진정한 정의도 내리기는 힘들죠. 차라리 오랜 시간이 걸린 진화, 여러 특성들이 자리를 잡았을 동물학적 계통은 확인할 수 있지요.

적어도 주요 단계들에 대해서는 알고 있지 않나요?

그렇습니다. 그러기 위해서는 7,000만 년 전 백악기 말기로 거슬러 올라가야 합니다. 그때는 신생대의 동이 트는 시기로, 마지막 남은 공룡마저 사라졌을 때였습니다. 주변 환경은 심각한 변화를 겪죠. 우리는 진화의 역사가 기후 변화와 긴밀하게 연관되어 있다는 것을 알고 있습니다. 이 시기에 아프리카는 하나의 섬이었고 남아메리카와 아시아도 그랬습니다. 유럽, 북아메리카 그리고 그린란드가 연결되어 있는 한 대륙에 작은 동물들이 출현합니다. 이 최초의 원숭이들은 벌레를 먹고 사는 동물의 후손으로 완전히 새로운 식물군 가운데서 증식하기 시작했어요. 이 식물들은 초기의 꽃 식물계였습니다.

최초의 꽃들과 함께 태어났다니! 정말 아름다운 생각입니다.

이 시기에는 열매가 처음 출현하기도 했습니다. 새로운 환경을 정복한 원숭이들은 최초로 이 열매들을 먹기 시작했습니다. 벌레를 먹고 살았던 조상의 습관을 버린 것이죠. 이러한 식습관의 변화는 세대가 거듭되면서 일련의 해부학적 변형을 초래했습니다. 예를 들면, 이 원숭이들은 쇄골을 갖게 되는데요. 쇄골은 상당한 혁신입니다.

어떤 이유 때문이죠?

쇄골은 동물의 흉곽을 확장시킵니다. 그 결과 식물을 채취할 때, 양팔을 넓게 뻗어 나무밑동을 잘 붙잡을 수 있고 나무에 더 잘 오를 수 있습니다. 같은 이유로 나무를 오르는 데 방해가 되었던 새의 발톱은 편편한 척추동물의 발톱으로 변합니다. 이 원시 영장류들 가운데 일부는 발가락[1]을 가지게 됩니다. 발가락으로 열매나 돌맹이, 또는 나무토막을 잡을 수 있게 되면서 발가락이 없는 영장류에 대항하게 되죠.

초기의 영장류를 발견하다

그 매력적인 동물은 무엇입니까?

우리가 아는 가장 오래된 영장류에 우리는 '푸르가토리우스 Purgatorius'라는 이름을 붙였습니다. 연구원들은 북아메리카의 로키 산맥에서 이 생명체의 화석을 발견했죠. 발굴 지역은 정말 연옥처

---

1 이족보행을 하기 전이므로 손가락보다 발가락이 적절한 표현이다.

럼 힘든 곳이었습니다. 그래서 이런 이름이 붙은 것이죠.[1] 체격이 쥐보다 더 크지도 않습니다. 나무 안에서 살았고 열매를 먹었지만, 그렇다고 해서 곤충을 아예 안 먹은 것 같지는 않습니다.

우리의 조상들 중 하나인가요?

직계가 아닌 것은 분명합니다. 이 작은 영장류는 유라시아에 이어 울창한 열대림으로 뒤덮인 아프리카와 아라비아 반도가 연결된 섬을 점령했습니다. 시간이 좀 더 흐른 뒤인 3,500만 년 전에, 인간과 덩치가 조금 더 큰 원숭이들의 공동 조상인 고등 영장류가 바로 이곳에서 등장합니다. 이 원숭이들은 아프리카에 고립되어 있었는데, 이 사실은 인간 계보의 이 유일한 기원에게 유리하게 작용했습니다. 이때 지구는 처음으로 건조기에 들어섰고 이러한 기후 변화로 새로운 종이 선택되어 변화한 기후에 적응한 듯합니다.

어떤 종들인가요?

오늘날의 이집트 카이로 지역에 해당하는 파이윰 저지대와

---

1 푸르가토리우스는 연옥(purgatory)에서 따온 학명이다. 가톨릭에서 연옥은 살아 있을 때 지은 죄를 씻고 정화하기 위해 고통스러운 시간을 보내는 곳이다.

오만에는 발이 네 개인 작은 원숭이가 살았습니다. 이 화석은 이집트에서 먼저 출토되어 이집트유인원이라는 의미의 이집토피테쿠스라는 이름이 붙여졌습니다. 크기가 고양이만한 이 원숭이는 기다란 꼬리와 큰 주둥이를 가졌으며, 앞머리 부분 뇌가 아주 조금 발달해서 선대들과 구별됩니다. 뇌의 용량은 40세제곱센티미터(오늘날 우리의 뇌는 1,400이다)인데, 이는 매우 빈약하지만 그래도 꽤 자유로운 반응을 할 수 있게 해 줍니다.

무슨 의미인가요?

중추신경계 발달로 새로운 능력을 발휘할 수 있었다는 말입니다. 특히 시력이 발달하여 후각을 능가하게 되었는데, 이 덕분에 사물을 입체적으로 볼 수 있어 나무에서의 생활에 잘 적응할 수 있었습니다. 동시에 이 작은 영장류는 사회적인 행동을 시도했는데, 몸짓과 표정으로 의사를 전달하는 것이 그것입니다.

그 사실을 어떻게 알 수 있나요?

물론 작은 푸르가토리우스는 아주 오래전에 사라져서 관찰할 수 없습니다. 하지만 오늘날에도 아프리카에서 살고 있는 여우원숭이류나 아시아에서 살고 있는 안경원숭이류가 몇 가지 점에서 비교할 수 있는 소중한 정보들을 제공해 줍니다. 그들은 발달된 사회생활을 했습니다. 푸르가토리우스의 화석화된 뇌를, 특히 우리가 복제할 수 있는 경뇌막[1]을 관찰해 보아도 마찬가지 결과가 나옵니다. 이 영장류의 뇌에서 어떤 부분들의 크기를 보면 그들이 이미 매우 사회적이었다고 볼 수 있습니다.

그렇다면 인간처럼 가족을 이루고 살았나요?

미국의 연구자 엘윈 시몬스[2]가 푸르가토리우스를 발견했는데, 저는 같은 장소에서 발견된 뇌들 중 두 개가 같은 종이지만 성별이 달라 보인다는 사실에 주목했습니다. 그들은 서로 매우 다릅니다. 하나는 수컷의 뇌이고 다른 것은 암컷의 뇌로 추정됩니다. 이러한 사실은 이 영장류가 집단생활을 했다는 것을 시사합니다. 이들이 이미 일정한 의사소통 형식과 두뇌의 민첩성을 발달시켰다는 것도 알 수 있죠. 단순하지 않나요?

---

1 뇌막 가운데 바깥층을 이루는 두껍고 튼튼한 섬유질 막.

2 1930~2016. 미국의 고생물학자이자 고대동물학자이며, 야생동물 보호론자. 특히 영장류의 야생의 삶을 보호해야 한다고 이야기했다. 현대 영장류 고생물학의 아버지로 인류의 초기 선조 가운데 하나인 푸르가토리우스를 발견했다.

어쨌든 과감하군요. 그 다음에는 무슨 일이 일어납니까?

그들의 후손인 프로콘술[1]이 더 먼 남부지방에 있는 숲에서 살았고 더 발달된 뇌의 용량(150세제곱센티미터)을 가지게 됩니다. 실제로 그런 종이 몇몇 있습니다. 가장 큰 것들이 작은 침팬지 크기입니다. 이 프로콘술들은 지리적으로 중대한 사건을 겪게 되는데, 바로 1,700만 년 전에 아프리카-아라비아판이 유라시아판과 합류한 것입니다. 아프리카 원숭이들, 즉 이 프로콘술과 그의 후손들은 날쌘 다리로 유럽과 아시아로 퍼져나갑니다. 일부는 진화하여 새로운 종이 됩니다. 특히 케냐의 케냐피테쿠스 뿐만 아니라 유럽의 드리오피테쿠스('삼림의 원숭이'), 조금 뒤에 이어서 아시아에 나타날 라마피테쿠스가 그들입니다. 라마피테쿠스가 우리 계통의 일부였다고 한때 믿기도 했는데, 그것은 착오였습니다.

인류의 가지에서 떨어지다

일렬종대로 늘어선 우리 조상들 뒤에서 라마피테쿠스가 미친 듯이 깡충깡

---

1 2,300만 년에서 2,500만 년 전에 존재했던 영장류. 긴팔원숭이, 고등 유인원 및 인간은 진화생물학적으로 프로콘술을 공통 조상 계통으로 공유한다고 보고 있다. 원숭이처럼 몸을 지면에 평행으로 하여 걸었고, 나무 위에서 살았으나 꼬리는 없었다.

충 뛰고 있는 삽화가 교과서에 실린 것을 최근에도 본 적이 있습니다. 그 의견은 이제 완전히 폐기되었나요?

그렇습니다. 그 생각을 바꾸어 놓은 것이 생물학자들입니다. 첨단기술 덕분에 이들은 라마피테쿠스의 치아 몇 조각에서 발견된 항체를 검사하여 라마피테쿠스가 인간이 아니라 오랑우탄과 상당한 공통점이 있다는 것을 발견했습니다. 오스트랄로피테쿠스의 치아를 이용해 같은 테스트를 해 본 결과, 반대로 오스트랄로피테쿠스의 치아는 인간의 치아와 매우 유사하다는 것이 입증되었죠. 다른 한편 생물학자들은 인간과 침팬지의 유전자가 99퍼센트 공통되므로 유전적으로 매우 가깝다는 사실을 밝혀냈습니다.

인간을 만드는 것이 바로 그 1퍼센트인가요?

맞습니다. 그리고 이 모든 것을 확인할 수 있도록 마침 파키스탄에서 형태학적으로 오랑우탄의 안면과 매우 유사한 라마피테쿠스의 안면이 발견되었습니다. 따라서 이유가 밝혀졌습니다. 라마피테쿠스는 우리의 조상이 아니라 오랑우탄의 조상인 것입니다.

라마피테쿠스는 인류의 가지에서 떨어져 나갔지만, 여전히 인간과 원숭이 사이의 빠진 고리를 계속 추적하고 있나요?

그러한 표현은 정확한 것이 아닙니다. 그런 표현은 오늘날의 인간과 오늘날의 원숭이 사이에 중개자가 있다고 전제하고 있기 때문입니다. 우리가 찾고 있는 것은 인간들에게, 결국 아프리카의 큰 원숭이들에게 공통된 조상입니다. 그것이 하나는 침팬지와 고릴라로, 다른 하나는 오스트랄로피테쿠스 이어서 인간에게로 향하는 두 가지를 가르는 갈래입니다. 모든 것은 이렇게 갈라지는 시기에 달려 있습니다.

오늘날에는 그 시기에 대해 어떻게 의견이 모아졌나요?

생물학자들은 500만 년 전이라 말했고, 고생물학자들은 1,500만 년 전이라 말했습니다. 그래서 우리는 타협을 해 700만 년 전이라 정했지요. 이후로 모든 사람들이 어느 정도 그것을 받아들이고 있습니다. 라마피테쿠스를 버림으로써 우리는 결국 위대한 단절의 시기를 앞당겼고, 인류의 가지에서 오랑우탄을 내몰았습니다. 침팬지와 인간이 유전적으로 매우 가까운 이상, 침팬지와 인간이 공동 조상을 가졌다는 것이 논리적인 설명입니다. 그 바람에 우리는 인간이 아시아에 기원을 두었다는 생각을 버려야 했어요. 인간의 조상은 아프리카에 남아 있는 큰 원숭이들의 후손이 탄생시킨 것입니다.

초기의 사바나

최종적으로 어떻게 아프리카로 향하게 되었을까요?

   아프리카가 인류의 요람을 이룰 수 있었으리라는 생각은 다윈이 했고 이어서 테야르 샤르댕이 암시했습니다. 유럽에서, 그리고 아시아에서 평생을 연구에 바친 샤르댕은 죽기 직전 아프리카에서 임무를 마치고 돌아오면서 이렇게 외쳤습니다. "당연히 찾아보아야 할 곳은 아프리카다. 더 일찍 그 생각을 하지 못한 우리는 참으로 어리석지 않은가!" 그 뒤 1959년에 탄자니아에서 루이스 리키[1]가 완전한 두개골을 발견하면서 그의 직관을 확인시켜 주었습니다. 불안정한 일부 동위원소들의 자연적인 붕괴를 측정하여

---

1   영국의 인류학자. 1959년에 175만 년 전 석기를 사용한 것으로 생각되는 가장 오래된 원인(猿人)의 두개골을 발견하고 이것을 진잔트로푸스라 이름 붙였다.

계산한 나이는 충격적이었습니다.[1] 175만 년이었습니다. 처음에는 아무도 그 사실을 받아들이려 하지 않았습니다.

인간이 그렇게 케케묵은 존재가 아니기를 바라는 그런 교만함 같은 것이 늘 있지요?

그렇습니다. 그 시기에 인간의 대부분의 조상들을 알고 있었지만, 그들의 나이와 지위(최초의 오스트랄로피테쿠스는 1924년에 발견되었지만 사람들은 오랫동안 그를 '침팬지의 부모'로 간주했습니다)를 제대로 위치시키지 못했습니다. 흔히 최초의 조상은 비교적 최근에 등장해서, 기껏해야 80만 년 정도라고 생각했습니다. 방사성 동위원소들로 연대를 추정하는 새로운 방법 덕분에 그리고 그 뒤를 이어 수집된 상당히 많은 화석들 덕분에, 최초의 조상의 나이를 더 올릴 수밖에 없게 되었지요.

모든 시선이 아프리카로 향하게 되는군요.

---

1 동위원소연대측정법을 말한다. 물리학적으로 불안정한 일부 동위원소는 헬륨핵, 전자, 감마입자 등을 내놓고 붕괴하여 안정한 원소로 바뀐다. 붕괴 전의 원소와 붕괴 후의 원소의 비율을 측정함으로써 물질의 생성연대를 측정할 수 있다. 대체로 방사성 동위원소를 이용하며, 5만 년 이하의 짧은 연대를 측정할 때는 탄소를 이용한다.

그렇습니다. 그 당시 해마다 케냐, 탄자니아, 에티오피아에서 국제적인 탐사가 이루어졌습니다. 오늘날 잘 알려진 발굴 지역, 즉 투르카나 호, 올두바이, 오모 계곡 등에서 말이지요. 직접 계산해보니 총 25만 개의 화석을 수집했고, 그중 2,000개는 인간과 전前 인간의 뼈이며, 대부분은 200만 년에서 300만 년의 것으로 시기가 추정됩니다. 인류의 계보를 복원할 수 있게 한 정말 소중한 수확이죠.

그 이후로는 인간이 아프리카에서 태어났다는 것을 확신하게 되었나요?

과학은 결코 '확신'을 할 수는 없습니다. 하지만 모든 발견들이 이 결론을 가리킵니다. 우리가 인간의 조상들의 것이라고 인정한 화석들을 발견했던 여러 장소들을 빠르게 살펴보는 것만으로도 충분하죠. 700만 년 된 화석들은 케냐에서만 발견되었습니다. 600만 년 된 것들, 다음에 500만 년 된 것들도 그렇습니다. 400만 년 된 것들은 케냐와 탄자니아, 에티오피아에서 발견되었습니다. 300만 년 된 것들은 케냐와 에티오피아, 탄자니아, 남아프리카, 차드에서 발견되었고, 200만 년 된 것들도 같은 지역에서, 유럽과 아시아의 몇몇 뗀석기들과 함께 발견되었습니다. 100만 년 된 화석들은 아프리카 전역과 아시아, 유럽으로 확장되어 발견되었습니다. 이어서 오스트레일리아와 아메리카에 가닿습니다. 이 모든 카드를 연대순으로 정렬한 뒤 그것을 오버랩하여 연속으로 펼쳐 놓아 보십시오. 그러면 인간의 번식의 역사를 발견하고 다음과 같은 결론을 내릴 수밖에 없을 것입니다. 인간은 아프리카의 작은 발원지에서 출발하여 천천히 아프리카 대륙 전역으로, 이어서 전 세계로 확산되었고, 현재는 태양계를 넘보기에 이르렀습니다.

우리의 첫 할아버지는 누구?

그러니까 대략 700만 년 전 아프리카로군요. 이제 우리는 장소와 시간의 단위를 잡았습니다. 이제 이 최초 장면에서 진화하고 있는 인물, 우리의 첫 할아버지를 알 수 있습니까?

그것을 정확하게 단정하기는 어렵습니다. 20여 년 전부터 이 시기의 화석들을 새롭게 발견할 때마다 우리는 조상을 찾아냈다고 생각했습니다. 시바피테쿠스, 케냐피테쿠스, 오우라노피테쿠스, 기간토피테쿠스 그리고 다른 오레오피테쿠스나 오타비피테쿠스까지, 발견된 모든 종들이 차례차례 그 역할을 했습니다. 이 중 하나가 원숭이와 인간의 공동 조상입니다.

그렇군요. 하지만 그중 어떤 종이 정확히 그 공동 조상인가요?

그것을 알지는 못합니다. 루이스 리키가 발견한 케냐피테쿠스(1,400만 년 전)가 공동 조상이 아니라면 최소한 그 사촌들 중의 하나일 것입니다. 그의 두개골은 사바나에 적응했다는 증거를 보여 줍니다. 송곳니는 작아지고 어금니는 더 굵어졌어요. 법랑질은 더 두껍고, 마모된 정도의 차이는 어린 시절이 더 길어졌다는 것을 알려 줍니다.

잠깐만요! 치아의 법랑질이 개체의 어린 시절에 대한 정보를 줄 수 있습니까?

나란히 난 치아들의 법랑질이 마모된 정도의 차이는 치아가 돋아나는 시기가 더 길어졌다는 것을 증명해 줍니다. 만약 치아들이 더 늦게 돋아나면 성인의 단계 역시 더 늦게 오고, 이는 아이가 엄마와 더 많은 시간을 함께 보냈다는 것을 알려 줍니다. 그 증거로 인간의 치아는 침팬지의 이빨보다 돋아나는 데 시간이 세 배는 더 걸립니다. 엄마가 아이를 돌보는 기간은 곧 양육과 수련의 기간입니다. 어린 시절이 길면 길수록 종은 더 많은 교육을 받습니다. 그리하여 우리의 케냐피테쿠스에게서 이런 유형의 진화를 알아낼 수 있었던 것입니다.

그 신기한 동물에 대해 우리는 무엇을 알고 있습니까?

덩치가 큰 이 원숭이는 때때로 몸을 일으켜 세우기도 하고, 관절이 견고해 나무 위에서 살며 우월한 사지를 가진 사족동물이었습니다. 그는 조상들보다 뇌가 더 크고(300세제곱센티미터) 얼굴은 조금 작아졌으며, 꼬리는 분명 오래 전부터 이미 없어졌을 것입니다. 때로는 사바나에서, 때로는 숲에서 살았습니다. 과일 뿐만 아니라 덩이줄기식물, 뿌리줄기식물도 먹었는데, 치아의 법랑질의 두께를 통해 이 사실을 밝힐 수 있습니다. 과일을 먹을 때보다 뿌리를 먹을 때 치아를 더 많이 사용하기 때문이죠. 이 영장류가 사회를 이루고 산 것은 분명합니다.

건조한 기후가 선사한 혜택

이어서 어떤 일이 일어났습니까?

700만 년 전에 이 조상은 아프리카 땅을 뒤덮은 빽빽한 숲속에서 살고 있었는데, 갑자기 지질학적인 대사건이 일어납니다. 지구대[1]가 무너지고, 그 가장자리의 일부가 다시 상승하면서 차츰차츰 벽 같은 것이 형성된 것입니다. 이 거대한 단층은 동부 아프리카 전체에서 홍해까지, 이어서 요르단 강까지 훑고 지나가서 지중해에서 마무리 됩니다. 총 6,000킬로미터로, 탕가니카 호수에서는 깊이가 4,000미터 이상입니다. 미국의 한 우주비행사가 지구를 가르는 이 거대한 흉터가 달에서도 보인다고 언젠가 나에게 말해 준 적이 있습니다. 정말 인상적이지 않나요?

정말 그렇군요. 그 결과 어떤 일이 벌어지나요?

기후가 급작스럽게 바뀝니다. 서쪽 지방에서는 계속해서 비가 내렸지만, 동쪽 지방은 루웬조리 산맥이라는 이 높은 벽을 방패 삼아 점점 비가 적게 내리기 시작했습니다. 고식물학자들이 확인했던 것처럼 동쪽에서는 숲이 줄어들고 식물상도 달라졌습니다. 오늘날에도 레위니옹 섬에서 그와 유사한 현상을 볼 수 있는데 이곳은 매우 축소된 규모죠. 언덕들이 동쪽과 서쪽을 나누어서, 한쪽에서는 자주 비가 내리고 반대편 지역은 건조해지면서 재배되는 작물도 매우 달라집니다.

---

1 지반이 융기하면서 지층이 갈라져 내려앉은 넓고 깊은 대규모 계곡.

그렇다면 우리의 조상들도 두 집단으로 나뉘게 되겠군요.

　　그렇습니다. 서쪽에 남아 있던 자들은 계속해서 나무에서의 생활을 이어갔고, 분리되어 동쪽에 있던 자들은 사바나에 이어서 스텝 기후에 맞닥뜨렸습니다. 이처럼 두 환경으로 분리됨으로써 세대를 거듭하며 서로 다른 두 개의 진화가 진행될 수 있었습니다. 서쪽의 집단은 현재의 원숭이, 고릴라, 침팬지를 낳았고, 동쪽의 집단은 전 인류를, 그 후에 이어서 인류를 탄생시켰습니다.

이 가설은 어디에 근거를 둔 것입니까?

　　우리가 수년 간 수집한 인간과 전 인간의 유해 2,000점은 모두 지구대의 동쪽에서 발견되었습니다. 반대편에 있던 전前 침팬지나 전前 고릴라의 뼈는 단 한 조각도 없습니다. 아닌 게 아니라 서쪽에서는 아직도 동쪽의 전 인류와 동족체일 수 있는 전前 원숭이의 유적을 발견하지 못했습니다. 이러한 사실이 이론을 강화시켜 주었을 겁니다. 그래도 그 이론은 꽤 그럴 듯합니다. 따라서 인간을 향한 영장류의 진화를 마무리 지은 것은 바로 이 오렌지 한 조각 모양의 땅, 동쪽 아프리카의 작은 지역이었을 것입니다.

인류의 요람이라……. 말하자면 우리는 건조한 환경에서 태어난 거군요?

그렇습니다. 우리를 특징짓는 직립 자세와 잡식성 음식 섭취, 뇌의 발달, 도구의 발명, 이 모든 것은 더 건조한 환경에 적응하기 위해 비롯된 것입니다. 이는 자연선택의 고전적인 구조입니다. 이 새로운 환경에서 유전적으로 더 잘 살아남는 데 유리한 특성을 갖게 된 소규모 조상 집단이 차츰차츰 그곳 개체군에서 다수가 됩니다. 다른 개체들보다 더 오랫동안 살게 되어 더 흔쾌히, 같은 특성을 가진 후손을 더 많이 가지기 때문입니다.

두 발로 서게 된 이유

그 이점들은 무엇인가요?

그것은 모릅니다. 아마도 골반의 발육 같은 것이겠지요. 골반이 자라 몸을 더 쉽게 일으켜 세울 수 있었고 그 결과 먹이와 자신들을 잡아먹을 포식자를 더 잘 볼 수 있게 되었으니까요. 게다가 공격과 자기 방어에도 유리하며, 먹이를 옮기고 새끼를 데리고 다니기에도 편리하죠. 직립 자세는 이 진화의 원인일까요, 결과일까요? 어찌되었건 이러한 유전적 이점을 갖게 된 자들이 세대를 거듭할수록 우위를 점하게 됩니다. 건조한 환경에서 피부를 보호하기 위해서는 매우 강해야 합니다.

결정적으로 무엇이 그들에게 직립 보행을 하도록 부추겼나요?

유전적 돌연변이 때문에 몇몇 개체들이 더 넓고 덜 높은 골반을 가지게 되는데, 이러한 변화로 골반이 넓은 개체들은 네 발을 모두 땅에 디디고 있는 게 불편했습니다. 새로운 환경에서는 이 '핸디캡'이 이점이 되고, 세대를 이어가면서 이 돌연변이는 필수적인 것이 됩니다.

가설인가요?

물론입니다. 누가 진실로 알 수 있을까요? 침팬지를 관찰해 보면, 그들이 세 가지 유형의 상황에서 서 있는 것을 볼 수 있습니다. 더 멀리 보기 위해서, 자신을 방어하거나 공격하기 위해서(두 발로 서 있으면 손이 자유로워 조약돌을 던질 수 있으니까요) 그리고 마지막으로 음식과 새끼들을 들기 위해서. 그 시기에 우리 조상들은 건조한 기후 때문에 땀을 쉽게 발산시킬 수 있도록 텁수룩한 털을

버렸고, 어미들은 새끼를 안고 있기 위해 그들을 붙들고 있을 필요가 생겼다고 상상해 볼 수도 있습니다(반면에 원숭이의 새끼들은 털에 걸린 채 혼자서도 어미를 잘 붙들고 있습니다). 또한 노출된 풍경 속에서 선 자세로 있음으로써 태양 빛을 덜 받고 땀이 덜 나게 하는 모습도 생각해 볼 수 있습니다.

이유가 무엇이든, 이 개체들이 그 자세를 결정적으로 채택했다는 것은 확실하군요?

맞습니다. 화석화된 두개골 내부의 흔적들을 관찰해 보면 우리는 똑같은 정보를 얻을 수 있습니다. 뇌의 회전은 위쪽보다 측면에 표시되는데, 이는 논리적으로 그렇습니다. 왜냐하면 몸을 펴서 일으켜 세우면, 뇌의 높은 부분이 더 이상 뼈에 닿지 않게 되고 거기에 흔적을 덜 남기게 되기 때문입니다.

그러면 당시 서 있던 그 존재가 또 새로운 종을 낳게 되는군요.

더 정확히 말하면 완전히 인간은 아닌 새로운 종의 증식이지요. 그들 중 가장 오래된 화석은 700만 년 전으로 거슬러 올라갑니다. 오스트랄로피테쿠스라고 말하는데, 이 표현이 더 낫다면, 전

인간들이라고 할 수 있죠.[1]

---

1   화석으로 그 존재가 알려진 과거의 인류는 다음과 같이 구분한다.
· 원인(猿人) : 오스트랄로피테쿠스, 진잔트로푸스 등. 제1빙기 이전에 존재한 것으로 추정.
· 원인(原人) : 자바의 피데칸트로푸스(자바원인), 중국의 시난트로푸스(북경원인). 제2간빙기에 존재한 것으로 추정.
· 구인(舊人) : 네안데르탈인. 제3간빙기에서 제4간빙기 초에 존재한 것으로 추정.
· 신인(新人) : 호모 사피엔스. 홍적세의 마지막 빙하기에 출현한 것으로 추정.
이렇게 4군이 일직선 상의 진화를 거쳤으리라고 가정했으나, 원인과 원인 그리고 구인과 신인이 공존한 흔적이 발견되어 이러한 가정은 깨졌다. 확신할 수 있는 것은 원인(猿人)에서 신인(新人)으로 진화함에 따라 원시성이 사라지고 더 높은 진화 단계에 접어들었다는 것이다.

2장

아버지들의
아버지를 찾아서

> 아직 인간은 아니지만 더 이상 진정 원숭이도 아닌, 두 다리
> 로 서 있던 우리의 최초의 조상들이 높은 곳에서 세상을 관
> 찰한다. 이들은 서로 사랑의 말을 주고받기도 하고 달팽이를
> 먹는다.

한 발로 선 오스트랄로피테쿠스

동부 아프리카에서 800만 년 전에 전 인류는 이미 활동 중입니다. 그들은 큰
원숭이들의 세계와 결별했고요. 전 인류는 어떤 점에서 이전의 종들과 구분
이 됩니까?

두 발로 땅을 디딘 이 인류의 조상은 계속 이 자세를 유지했습니다. 직립보행은 진정한 혁명이었습니다. 골반, 짧아진 팔, 늑골, 심지어는 두개골까지, 이들의 골격은 이들이 두 발 달린 동물의 자세였다는 사실을 드러내고 있습니다. 게다가 탄자니아에서는 화산암에 화석화된 그들의 발자국 흔적이 발견되었습니다. 350만 년 전 두 발 달린 동물의 자국이었습니다. 이 사실을 밝혀낸 영국의 연구자들은 걷는 데 다소 자신감이 없는 것처럼 발자국들이 십자모양으로 교차되어 나 있다는 것에 주목했습니다.

연구자들은 어떤 결론을 내렸나요?

아마도 오스트랄로피테쿠스 두 명이 한 발로 지나간 것이리라 추측했죠. 아니면 익살스런 프랑스인들이 덧붙였다시피 우리가 생각했던 것보다 인류는 더 일찍 술을 마시기 시작했을지도 모른다고요. 그 시대에는 돌이 미끄러웠나? 하지만 다행스럽게도 나중에 같은 장소에서 완전히 규칙적인, 성인과 아이의 발자국을 발견할 수 있었습니다.

명예가 실추되지는 않았군요. 오스트랄로피테쿠스 종은 그 수가 얼마나 있었나요?

오랫동안 우리는 그 종이 하나뿐이라고 생각해 왔습니다. 그런데 실제로 그들의 세계는 훨씬 더 복잡합니다. 800만 년에서 100만 년 전 사이에 아프리카에는 정말 풍성한 종들이 있었습니다. 일부 집단들은 최초의 인간을 출현시키기 위해 진화하지만, 다른 종들은 계속해서 더 고전적인 후손을 발달시켰어요. 그 결과 그 종들은 때때로 서로 같은 시대에 속하기도 하고, 한 종의 선조가 동시에 사촌인 경우도 드물지 않습니다.

그렇게 복잡한 증식 과정 속에서 과연 인류의 길을 찾을 수 있을까요?

당연하고 말고요! 모든 것은 당연히 모토피테쿠스, 아르디피테쿠스 등등이라고 불리는 케케묵은 종들로부터 시작됩니다. 이 종들은 400만 년 그 이상까지 갑니다. 그 이후로 정확한 의미에서의 오스트랄로피테쿠스는 400만 년에서 100만 년 전까지 계속 뒤를 잇습니다. 이들이 모든 세계가 분지로써 양분되었던 넓은 지역인 동부 아프리카에서 살았다는 것을 잊지 맙시다. 서부와 동부의 분리는 종의 다양화를 부추겼습니다. 예를 들어 아마넨시스라고 명명된 오스트랄로피테쿠스는 햇빛에 훨씬 더 노출되어 있는 투르카나 호수 지역에서 발견되었고, 오스트랄로피테쿠스 아파렌시스는 훨씬 더 나무가 우거진 아파르 분지에서 발견되었죠.

계속해서 새로운 종들이 발견되는 것인가요?

　　그렇습니다. 하지만 수확물은 보잘 것 없습니다. 영장류과의 출현을 이해하는 데 필수적인 시기인 400만 년에서 800만 년 전 사이로 연대가 추정되는 침전물 분지들은 드물기도 하고 별로 면적이 넓시 않기 때문입니다. 따라서 우리가 가지고 있는 화식이 거의 없습니다. 하지만 그 종들이 어떻게 서로에게서 파생되는지 정확히 알지는 못해도, 그것들을 통해 큰 가계들을 그릴 수는 있습니다.

전 인류는 무엇과 비슷한가요?

　　아시다시피 가장 많이 연구된 화석은 약 300만 년 된 젊은 여성인 루시의 해골입니다. 루시의 골격은 발견된 것 중에 가장 완전한 골격입니다. 아니, 적어도 가장 덜 불완전합니다.

루시의 무릎이 알려 주는 것

당신도 루시를 발견한 사람들 중의 하나이니 당신의 루시이기도 하군요. 그 이름을 비틀즈에게서 따온 것이 사실인가요?

맞습니다. 1974년 에티오피아의 아파르 지역에서 그녀를 발굴했을 때, 우리는 비틀즈의 노래 〈다이아몬드와 함께 하늘에 있는 루시Lucy in the Sky with Diamonds〉가 담긴 카세트테이프를 자주 듣곤 했거든요. 에티오피아인들은 그녀에게 '귀중한 사람'이라는 의미의 비르키네슈Birkinesh라는 이름을 붙여 주고 싶어 했습니다.

실제로 루시는 명성 때문만이 아니라 우리에게 알려 준 것 때문에 매우 귀중합니다. 그렇죠?

그렇습니다. 루시는 한 조각 한 조각 낱낱이 연구되었습니다. 많은 논문들이 루시의 팔과 팔꿈치, 견갑골, 무릎 등에 할애되었습니다.

루시는 무엇과 닮았나요?

루시는 1미터를 조금 넘습니다. 등은 약간 굽었고, 팔은 다리보다 길고 우리와 비교했을 때도 조금 더 길죠. 또한 자그마한 머리, 물건들과 나뭇가지들을 잡을 수 있는 손도 있고요. 그녀는 두 다리가 있었지만 여전히 나무를 타고 기어올랐습니다.

그러니까 그녀도 우리처럼 걷기는 한 거군요?

정확하지는 않습니다. 인간의 걸음, 아이들의 걸음, 현재 살아 있는 침팬지들의 걸음 등 걸음의 여러 유형들을 비교함으로써 우리는 루시가 시간이 흐르면서 진화했다는 결론을 내렸습니다. 루시의 보폭은 우리보다 더 짧았고, 빠른 속도로 약간 종종걸음을 치면서 물결치듯 일렁거리며 걸었던 것 같습니다. 골반의 크기를 바탕으로 루시가 출산했던 태아의 신장까지 추측해 낼 수 있었습니다. 아기가 있었다면, 출생 시 루시의 아기들의 움직임은 원숭이 새끼의 움직임보다는 오늘날 인간 신생아의 움직임과 매우 유사했으리라 추측합니다.

루시에 대해 또 무엇을 알고 있습니까?

루시는 일부 관절들이 증명하는 것처럼 두 다리를 가졌음에도 불구하고 나무를 탔습니다. 팔꿈치와 어깨가 우리보다 더 견고하게 조립된 양상을 보이는데, 이를 통해 이쪽 가지에서 저쪽 가지로 건너갈 때 견고한 팔꿈치와 어깨가 안전장치로 작동했을 것이라는 것을 알 수 있습니다. 또한 손가락 관절은 약간 둥그스름한 반면, 무릎의 회전각은 컸습니다. 이는 나무를 타는 자가 공중으로 점프할 때 필요한 전형적인 적성이지요. 루시는 모든 영장류처럼 사회생활을 했고, 일종의 초식동물이었습니다. 치아의 법랑질의 두께를 보면 과일과 덩이줄기식물을 먹었으리라는 것을 알 수 있습니다. 또 마모된 정도로 보면 그녀는 20살쯤에 사망한 듯합니다. 호숫가라는 환경에서 발견된 만큼 익사했거나, 아니면 악어에게 잡아먹혔을 가능성이 높습니다.

가여운 할머니네요.

슬퍼하지는 마세요. 그녀는 십중팔구 우리의 증조모는 아닐 것입니다. 그보다는 오히려 파생된 한 지류일 것입니다. 루시의 신체적 특징들은 매우 케케묵은 것들이기 때문입니다. 같은 시기에 남아프리카의 오스트랄로피테쿠스 아마넨시스 혹은 아프리카누스의 무릎이 우리 인류와 더 가깝지요. 전 인류에 속하는 종들은 틀림없이 동시에 진화했을 것입니다. 그들이 동일한 계통에 속하는 이유가 두 종이 비견할 만한 특성들을 가졌기 때문은 아닙니다. 물고기와 해양 포유류를 비교해 보십시오. 그들은 서로 유사하지만 그런데도 완전히 다른 동물들입니다. 해양 포유류의 조상들은 결국엔 물로 돌아간 육지의 네발짐승들이었습니다.

자유로워진 손

그러니까 우리의 진짜 <u>오스트랄로피테쿠스</u> 조상은 알지 못하는 거군요.

그렇지 않습니다. 저는 아나멘시스에는 좀 약하지만, 설명을 해 보죠. 그는 400만 살이라는 적당한 나이를 먹었고, 거의 현대적인 형태의 팔다리를 가졌습니다. 이는 나무에서 생활했던 몇 가지 특성을 보존하고 있던 루시와는 반대로 우리와 유사한 직립보행을 하게 해 주었을 것입니다. 그 후에 가장 건장한 다른 오스트랄로피테쿠스들이 출현합니다.

그들은 다른 오스트랄로피테쿠스보다 무엇을 더 가지게 되나요?

다리가 더욱 잘 조정되어 그들은 선대보다 더 잘 걸을 수 있었습니다. 그들의 뇌는 대략 500세제곱센티미터로 여전히 보잘것없지만, 혈액을 더 많이 공급 받았어요. 치열도 변해서 더 잘 씹고 나아가 깨물 수도 있게 됩니다. 높이가 10미터를 넘지 않는 작은 관목들이 줄어들어 열매도 줄어들자 음식이 더 질겨지고 섬유질이 더 많아졌기 때문입니다. 에티오피아의 오모 계곡에서 화석을 수집할 때는 때로 300만 년 이상 된 오스트랄로피테쿠스의 유해들 옆에서 간혹 대량의 석기들이 발견되기도 했습니다.

그럼 오스트랄로피테쿠스는 이미 도구를 사용하고 있었다는 거네요?

그렇습니다. 그들이 도구를 사용했을 것이라는 생각을 받아들이는 데는 아직도 어려움이 많습니다. 하지만 이들은 처음으로 도구를 사용한 것 같습니다. 작은 돌에서 찾아낸 흔적들을 통해 그 돌들이 고기를 자르거나 뼈를 긁는 데 사용된 것이 아니라 뿌리나 덩이줄기의 껍질을 벗기는 데 사용되었음을 알 수 있었습니다. 루시 가계에 속하는 오스트랄로피테쿠스들이 그것을 사용했을 가능성이 있죠. 이는 곧 최초의 도구들이 아직 손이 완전히 자유롭지 못한 존재들에 의해 제작되었음을 의미할 것입니다.

세 들어 살게 된 뇌

앙드레 르루아 구랑[1]이 매력적인 시나리오를 제안했던 적이 있습니다. 인류의 조상이 직립보행을 선택한 이유가 도구를 발견하고 손을 자유롭게 할 필요가 생겼기 때문이라는 것입니다. 도구를 사용하고 손을 사용하자 두개골이 발달되었고 뇌 또한 이와 마찬가지로 발달했다는 거죠.

매우 있을 법한 이야기입니다. 물고기는 머리와 몸통이 하나로 이어지기 때문에 제 머리를 받치는 데 문제가 없습니다. 하지만 육지에 사는 네발 동물은 폐가 발달하고 땅에서 기어 다니기 시작하자마자 머리가 점점 독립적으로 진화해 그것을 지탱해야 하는 문제가 생겼습니다. 두발 동물이 되었을 때는 말할 것도 없어요. 직립보행은 머리를 해방시키는 동시에 두개골이 확장될 수 있게 했고, 그에 이어 뇌는 이제 훌륭한 세입자가 되어 사용가능한 자리를 차지해야만 했습니다.

그때부터 전 인류는 새로운 능력을 펼쳐 보일 수 있었나요?

---

1 1911~1986. 선사시대 도구와 종교를 연구한 프랑스의 고고학자이자 인류학자. 『인간과 물질』, 『환경과 기술』 등의 책을 통해 인지와 생태학에 대한 이후의 연구에 많은 영향을 끼쳤다.

그렇습니다. 또한 뇌가 커지자 임신 기간이 줄어들었어요. 태아의 뇌가 더 커지면 출산 시기가 더 당겨져야 하고, 이는 뇌가 태어난 후에 발달될 수 있게 합니다. 아기가 엄마 뱃속에서 나올 때 하반신이 아니라 머리부터 모습을 보이는 것처럼, 태아가 그런 자세를 취하는 것 역시 직립보행의 결과로 볼 수 있습니다. 직립보행을 유지함으로써 오스트랄로피테쿠스가 한층 더 손을 많이 사용하고 도구를 완성시킬 수 있게 되었다는 것 역시 명백한 결과지요.

그렇지만 도구는 원숭이들도 사용하지 않나요?

그렇습니다. 도구를 사용한다는 것은 인간의 전유물도, 전 인류의 것도 아닙니다. 예를 들어 원숭이들은 흰개미를 잡기 위해 나뭇가지를 꺾을 줄 알고, 호두를 깨부수기 위해 조약돌을 사용할 줄도 압니다. 하지만 다른 도구를 가지고 제게 필요한 도구를 다듬는 일은 원숭이들이 도달하지 못한 고등 단계입니다.

이 시기의 오스트랄로피테쿠스들은 서로 의사소통을 합니까?

그들은 서로에게 할말이 매우 많았을 수도 있습니다. 하지만 몸짓이나 기호들 또는 높낮이를 변조한 소리를 이용해 의사소통을 했습니다. 이들에겐 분절된 방식으로 말을 할 수 있는 기계적인 가능성이 없기 때문입니다. 침팬지를 보십시오. 인간보다 조금 깊게 패인 침팬지의 입천장과 후두 위치가 침팬지가 발음을 하는 데 방해가 된다는 것을 우리가 이해하게 될 때까지, 우리는 오랫동안 침팬지에게 몇 가지 단어를 발음하게 해 보려고 시도했습니다. 침팬지에게 농아의 언어를 가르칠 생각을 했을 때, 우리는 그들이 몇 백 개의 개념들을 기억할 수 있을 뿐만 아니라 그 개념들을 결합할 수도 있다는 것을 알아차렸습니다. 확실한 것은 언어의 사용이 약 300만 년 전에 등장한 개체에게 보편화된다는 것입니다. 이들은 전 인류보다 더 크고 더 곧으며 기어오르는 능력은 좀 떨어졌지만, 더 발달되고 혈관도 더 많은 뇌를 가진 다른 개체, 인간입니다.

기회주의적인 인간의 등장

오스트랄로피테쿠스는 그 개체와 공생하게 됩니까?

적어도 100만 년 동안, 아니면 200만 년 동안은요! 그들은 같은 환경을 공유하지는 않지만, 때때로 서로 겹칩니다.

그럼 이들은 명백하게 경쟁 관계에 들어서겠네요.

왜 그렇게 생각하시나요? 저는 사람들이 과거에 극적인 이미지를 덮어씌우는 걸 얼마나 좋아하는지 알고 있습니다. 화산과 화재를 배경으로 한 풍경 속에서 길을 잃고 공포에 떨고 있는 우리의 가련한 조상들이 무서운 야생 동물 앞에서 또는 몽둥이로 무장한 거대한 오스트랄로피테쿠스 앞에서 달아나는, 선사시대를 재현한 그림들을 보십시오. 또는 반대로 갑자기 매우 문명화된 우리의 최초의 인간들이 무서운 털투성이 괴물들을 공격하기 위해 매복한 채 기회를 노리고 있는 장면을요.

현실은 이런 상투적인 표현들에 부합하지 않는군요?

저는 그렇게 생각하지 않습니다. 인간이 뇌를 가지고 오스트랄로피테쿠스에 맞서서 준비된 행동과 전략을 구상하고 그것을 완수할 수 있는 것은 사실입니다. 전투가 벌어질 수도 있지만 그것들은 결코 '정돈'되지 않으며, 확실히 제한적이지요. 두 집단은 공존합니다. 세심한 평화, 다시 말해 환경과 균형을 이루고 살 수 있다는 것을 이해하려면, 오늘날에도 마사이족이 응고롱고로 분화구[1]의 움푹 패인 공동에서 사자와 코뿔소, 물소, 별로 연약하지 않은 온갖 곤충들 사이로 지나다니는 것을 보는 것만으로 충분합니다. 그들 중 하나가 때때로 잡아먹히는 것은 어쩔 수 없지만……. 이를테면 간혹 인간이 오스트랄로피테쿠스 아이를 사냥해서 잡아먹는다 해도 그것은 나쁜 일이 아니에요. 단지 그 아이가 성인보다 더 연하기 때문인 거지요.

설마, 진담이세요?

완전히 진담입니다. 작은 인간들은 잡식성입니다. 그들의 사정권 안에서 지나가는 모든 '사냥감'은 포획당하기 좋습니다. 이렇게 말한다고 해서 오스트랄로피테쿠스가 사라진 것을 집단말살 때문이라고 설명할 수는 없습니다.

그렇다면 무엇 때문에 사라진 건가요?

자연선택의 정통적인 구조 때문입니다. 약 100만 년 전에 기

---

1   탄자니아에 있는 초대형 화산 분화구로 칼데라 지형이다. 칼데라는 화산 일부가 무너지면서 생긴 분지를 말한다. 이곳에 물이 고여 만들어진 호수 중 지름이 3킬로미터 이상이면 칼데라호, 그 이하면 화구호라 부른다. 우리나라에서는 백두산 천지가 칼데라호이다.

후는 점점 더 건조해지고 조금씩 서늘해져 오스트랄로피테쿠스는 점점 적응하지 못했고 허약해져 갔습니다.

그렇게 인간과 경쟁관계로 들어가는 거군요.

그렇습니다. 하지만 여기에 폭력이 포함되어 있지는 않습니다. 예를 들어 납작 굴은 포르투갈 굴에 밀려 사라졌었지요. 하지만 둘 사이에 난투극은 없었다는 것을 알아야 합니다. 그저 단순하게 포르투갈 굴이 납작 굴들 사이에서 놀랍도록 적응을 잘해서 번식했던 것입니다.

오스트랄로피테쿠스는 어떻게 보면 인간과 매우 비슷하군요.

맞습니다. 그리고 인간과 반대로 자신의 생태적 '지위'를 넘어서지 못하고 환경에 얽매인 채 머물러 있었습니다. 그 결과 그들의 종은 번식력이 점차 떨어졌고, 수십만 년이 지난 뒤에는 결국 사라지고 말았지요. 이제 인간이 자신을 부각시킵니다. 인간은 오스트랄로피테쿠스보다 더 크고, 더 똑바로 서고, 잡식성이며, 고기도 먹고, 다분히 기회주의적이고, 점점 더 좋은 도구를 갖추어 갑니다.

호모들의 무리

그러니까 300만 년 전에, 그 풍경 속에는 종종걸음 치는 케케묵은 전 인류와, 뒷다리로 걷는 더 견고한 오스트랄로피테쿠스, 그리고 사냥을 시작한 인류 최초의 대표자들이 동시에 존재했던 거군요. 그렇게 세상이 이루어지다니!

그렇습니다. 곧 소멸될 전 인류의 세계와 방금 탄생한 인류의 세계, 이 두 세계가 '합류'한 것이지요. 방금 탄생한 인류는 관례적으로 세 유형으로 분류했었습니다. 하빌리스[1], 에렉투스[2], 사피엔스[3]. 하지만 최근에는 호모 루돌펜시스[4]와 호모 에르가스테르[5] 같

---

[1] '손재주가 좋은 사람', '손을 쓸 줄 아는 사람', '도구를 사용하는 사람'이라는 뜻. 호모 하빌리스는 다양한 형태의 도구를 만들어 이 도구들로 직접 사냥을 하기 시작했고, 가죽과 뼈를 발라내고, 뼈를 깨뜨려 먹기 시작했을 것으로 추측한다.

[2] '곧게 선 사람'이라는 뜻. 호모 에렉투스는 불로 음식을 익혀 먹었는데, 이러한 식습관 덕분에 음식 섭취를 통해 얻는 에너지 양이 늘었다. 그 결과 생존에 유리해져 더 많은 자손을 낳을 수 있었다.

[3] 현생 인류의 직계 조상으로 '지혜가 있는 사람'이라는 뜻. 인류 진화 과정에서 최종 단계를 의미한다.

[4] 1972년 케냐의 루돌프 호수에서 발견되었다. 사람속에 속하는지에 대해 논란이 많았으나, 사람속의 공통된 특징을 많이 지니고 있어 사람속으로 분류되었다.

[5] 1972년 케냐의 루돌프 호수에서 발견되었다. 초창기에는 호모 에렉투스의 아프리카 인종으로 여겨졌으나, 이 아프리카 호모 에렉투스 종 가운데 초기의 종에서 호모 에렉투스와는 두개골과 골격이 일부 달라 별도로 분류하였다.

은 또 다른 것들도 발견되었습니다.

왜 그렇게 많은 종들이 있나요?

아마도 그들의 조상이었던 오스트랄로피테쿠스 종들이 증식한 결과일 것입니다. 이 모든 집단들이 어떤 관계인지 확립시키기는 매우 어려우며, 진정으로 종이라 할 수 있는지도 확실하지 않습니다. 호모들은 매우 규칙적인 방식으로 진화하였으므로, 제가 보기에는 하빌리스, 에렉투스, 사피엔스가 같은 종의 여러 단계들에 불과한 것 같습니다.

그러니까 그저 단순하게 단수로 인간이라 말해야 하겠군요?

맞습니다. 인류인 것이지요.

인류를 특징짓는 것은 무엇인가요?

단연 발입니다! 발은 인류가 마지막으로 획득한 것들 중 하나입니다. 매우 특별한, 인간의 전유물인 직립보행 때문에 필수불가결해진 평평한 발가락들을 가진 발 말입니다. 또한 인류는 팔은 덜 견고하지만 다리는 더 안정적입니다. 나무에 오르는 횟수가 줄어들었기 때문이지요. 인류는 턱이 더 둥그스름해졌고 잡식성 식생활로 오스트랄로피테쿠스보다 어금니는 덜 크고 앞니와 송곳니는 더 발달하게 되었습니다. 물론 뇌도 크기가 훨씬 더 커졌으며 복잡한 회로도 갖추게 되었죠.

털도 많고요?

이제 털이 많지는 않을 겁니다.

피부는 검은가요?

알 수 없지만 검푸르지 않았을까요? 인류는 햇빛이 매우 중요한 노출된 지역에서 살았으니까요. 우리는 동물군과 식물군을 연구하여 대략 250만 년 전 매우 중요한 기후 위기가 발생했다는 것을 알아냈습니다. 바로 극심한 가뭄이었죠.

오스트랄로피테쿠스를 탄생시킨 계곡의 분리에 비견할 만한 일인가요?

그렇습니다. 기후의 위기는 거대한 대혼란을 야기했을 겁니다. 동물상과 식물상이 달라지죠. 풀 같은 식물에 유리하도록 나무들이 사라지고 많은 동물의 종들이 멸종됩니다. 작은 뇌를 가졌지만 큰 몸과 강한 턱뼈를 가진 덩치 큰 오스트랄로피테쿠스는 방향을 바꾸어 섬유질 많고 질긴 덩이줄기와 딱딱한 껍질을 가진 식물들을 공략할 것입니다. 더 발달한 뇌와 가늘고 긴 어금니를 가진 인간은 잡식성으로 음식을 섭취하게 되고요. 식물과 고기의 혼합이라고 말할 수도 있겠네요. 다른 관점에서 보면 덩치 큰 오스트랄로피테쿠스와 인간은 이 기후 위기가 부추긴 자연선택의 산물일 것입니다.

건조한 기후가 만들어 낸 사랑?

우리의 잡식성 동물은 무엇을 먹습니까?

개구리, 열매, 씨앗 그리고 덩이식물들을 코끼리처럼 많이 먹었습니다. 이들이 우리에게 남겨 놓은 식사 후의 뼈들을 보면, 그들의 식단이 매우 다양했음을 알 수 있습니다. 견고한 치열은 씨앗과 껍질이 딱딱한 과일도 깨부술 수 있습니다. 돌에 맞은 흔적이 있는 동물의 두개골 일부가 보여주듯이 이들은 이미 사냥꾼임이 확인되었습니다. 이들은 카멜레온도 가젤도, 달팽이만큼이나 하마도 많이 잡았습니다. 프랑스인의 식습관을 비웃는 이들은 그들의 조상이 이미 개구리와 달팽이를 먹었다는 사실을 알아 두어야 할 것입니다. 인간은 진정 모든 것을 먹는 개체입니다. 말씀드렸듯이 인간은 매우 기회주의적이니까요.

참 괜찮은 심성이네요.

그런데 그는 어떤 특정 장소로 자신의 사냥감을 가져왔습니다. 이는 그가 사냥감을 동료들에게 가져다준다는 사실을 알려 줍니다. 이것은 큰 사건입니다. 큰 원숭이들은 먹이를 자신이 직접 먹거나 서로에게서 훔칩니다. 그런데 이 개체는 처음으로 먹이를 공유했어요. 그러니까 일종의 사회적 조직에 참여한 것이지요. 약 200만 년 전에는 또한 원시적인 형태의 보호물, 원 모양 또는 초승달 모양의 보호물을 만들려는 시도도 했습니다. 그러한 유적을 몇 군데 발견했지요.

의사전달도 합니까?

후두의 위치가 낮아짐으로써 기도氣道가 변이한 것이 건조한 기후에 적응했다는 증거입니다. 인간은 후두의 위치가 낮은 유일한 척추동물입니다. 이 때문에 완성된 성대를 가지게 되었으며, 앞니 뒤의 아래턱뼈가 더 깊이 파이고 축소되면서 성대와 입 사이에 일종의 소리통이 설치됩니다. 그렇게 되면 혀가 훨씬 더 잘 움직일 수 있죠. 아직 우리처럼 분절되지는 않지만, 그래도 언어가 훨씬 더 정교하게 다듬어집니다. 게다가 두개골에 관한 일부 연구들은 오늘날 브로카 영역[1]에 상응하는 뇌의 전두부가 최초의 인간들에게도 존재했음을 밝혀냈습니다. 뒤이어 어휘, 문법, 통사의 발달이 꽤 빠르게 진행되었을 것입니다.

이 모든 것이 기후 때문이란 말씀이신가요?

실제로 이러한 발달은 특정한 사실과 연관되어 있는데, 그것은 대개 환경과 관련되어 있습니다. 어쨌든 후두가 오로지 인간에게 말을 할 수 있게 하기 위해 내려왔다고 생각하기는 어렵지요.

선생님의 말에 따르면, 실상 인간의 육체만이 아니라 그의 언어와 문화도 건조한 기후의 결과가 될 것 같은데요.

---

1 언어 표현에 결정적인 역할을 하는 대뇌 부위.

아무튼 괜찮은 설명입니다.

그럼 사랑도 그 결과물일까요?

좀 과장된 것이 아니냐고 말씀하시려는 것 같은데, 저로서는 사랑도 건조의 산물이라고 봅니다. 건조한 기후는 논리적으로 존재들을 가깝게 만들었습니다. 햇빛에 훨씬 더 노출된 환경에서 인류는 임신기간을 단축시킴으로써 강제적으로 아기와 엄마를 더 오랫동안 함께 있도록 했습니다. 여기에 더해 의식이 출현함으로써 감정이 탄생했습니다. 아마도 같은 시기에 아버지인 남자도 엄마-아기 커플과 가까워졌음에 틀림없습니다. 적어도 짝짓기 시기에는 말이지요. 동시에 남자와 여자 사이의 감정도 생겨났을 것입니다. 에드가 모랭[1]이 언젠가 이 주제와 관련하여 이렇게 말한 적이 있습니다. "프로이트가 아버지를 사라지게 하고 싶어 했지만 당신 같은 고고학자들이 인류의 개화를 설명하기 위해 아버지를 재등장시키는군요." 어느 정도는 사실입니다.

---

1 1921~ . 프랑스 소르본 대학에서 역사, 사회학, 경제학, 법학, 철학을 공부한 프랑스의 대표적인 사회학자이자 문학 비평가. 인류학, 생물학, 물리학, 생태학, 환경학에 이르기까지 다양한 학문 분야를 넘나들며 현대의 인간, 사회, 문화에 대해 연구하고 많은 저서를 펴냈다. 현재 파리 국립과학연구소 석좌 연구부장이며, 유네스코 부설 유럽문화연구소 소장으로 있다.

3장

인간은 어떻게 지구 곳곳에 있는 걸까?

> 늙은 세상은 죽고 새로운 세상이 태어난다. 직립보행을 하는
> 기회주의적인 동물이 행성을 정복하고 그 세상을 지배한다.
> 이 동물은 기술, 사랑, 전쟁을 발명하고 자신의 기원에 관해
> 스스로 질문을 던진다.

언덕을 넘어간 사람들

인류의 대표자들은 이미 수다스럽고 사랑꾼입니다. 매우 빠르게 그들은 세상을 식민지화하려 하겠지요. 천성적으로 호기심이 많기 때문인가요?

이들은 왜 이동하지 않고 요람에서 수십만 년을 기다렸을까요? 건너편에 무엇이 있는지 보려고 언덕에 올랐을 때, 그리고 지평선에서 또 다른 언덕을 발견했을 때, 분명 그 언덕에 오르고 싶었을 것입니다. 그 뒤에 우리 인간은 어느 정도 지성을 갖게 됩니다. 음식을 먹기 위해 사냥을 해야 했고, 이 때문에 여행을 다니게 되었어요. 그리고 자신을 부각시킬 수 있는 뭔가를 가지게 됩니다. 돌을 던졌을 때 위압감을 주어야 했으니까요.

최초의 인간들도 가족을 이루고 살았나요?

아마도 20명에서 30명 정도 소집단들을 구성한 듯합니다. 그린란드의 에스키모 사냥꾼들에게서 비교될 만한 행동을 관찰한 바 있습니다. 인구가 늘어나면 집단을 유지하는 데 한계에 다다르게 되고, 결국 생존 때문에 이주를 하게 됩니다. 원래의 집단에서 소집단 하나가 떨어져 나가서 식량을 찾아 다른 곳으로 떠납니다. 그리고 그곳에서 수십 킬로미터 떨어진 곳에 정착하죠. 최초의 인간들의 시기에 인구는 급속히 불어납니다.

그것을 어떻게 알 수 있습니까?

주어진 환경에서는 초식동물, 육식동물 그리고 잡식동물이 일정한 비율을 유지하며 공생합니다. 인간의 수가 통계상 유의미할 수 있을 만큼 늘어났을 때, 같은 시기의 한 조개 서식지에서 발견된 인간 화석들의 비율을 계산해 보면 그들의 인구를 추정할 수 있습니다. 대략 10제곱킬로미터 당 한 명이 살았다고요. 이는 오스트레일리아 일부 지역의 원주민 인구밀도와 일치합니다.

그러니까 소집단들의 이주를 통해 최초의 인간들이 지구를 점령하기 시작한 거군요.

그렇습니다. 예를 들어 세대 당 50킬로미터만 이주해도 겨우 1만 5,000년 만에 인류가 시작된 동부 아프리카 지역에서 유럽까지 충분히 이동합니다. 50킬로미터는 그렇게 긴 거리가 아닌데도 말이지요. 우리의 역사로 보자면 거의 순식간이에요. 1만 5,000년은 심지어 우리의 연대 추정에서 허용 오차에도 들어가지 않는 시간입니다. 아프리카 요람에서 출발한 인류는 이런 식으로 극서와 극동까지 전진했습니다. 극동에서도 간석기들이나 200만 년 이상된 화석들이 발견되었어요.

고심해서 만든 부싯돌

여전히 동일한 인류와 관계되어 있나요?

먼저 최초의 인류 중 호모 하빌리스 또는 호모 루돌펜시스, 그 다음 그 뒤를 이은 인류 중 호모 에르가스테르 또는 호모 에렉투스의 이야기입니다. 그런데 우리는 과도기 화석들을 가지고 있기 때문에, 동아프리카 유형들이 급격하게 증가한 이후로 하나의 인종이 세상을 정복했다고 생각했습니다. 그래서 그에게 연속적으로 진화하는 단계들에 해당하는 이름 하빌리스, 에렉투스, 사피엔스 등을 부여한 것이지요.

호모 에렉투스를 특징짓는 것은 무엇인가요?

그는 선대보다 더 큰 뇌(900세제곱센티미터)를 가졌고, 행동방식이나 땅을 차지하고 도구를 제작하는 방식에서 더 세련되었습니다. 조약돌을 조약돌에 부딪쳐서 단순하게 돌을 자르는 것을 거쳐 연석을 부딪는 방법까지 기술을 발전시켰죠. 이들은 나무나 뿔 조각으로 조약돌을 두드렸습니다. 이 방법을 통해 돌이 쪼개지는 것을 더 잘 조절하고 더 예리한 도구를 제작할 수 있었어요.

부싯돌을 두드리는 데 100만 년이나 걸렸다니요! 쓸 만한 모서리를 찾아내
는 데 또 그만큼의 시간이 필요하겠군요!

그렇습니다. 인간은 느리게 진보하죠. 르루아 구랑은 당신이
말한 그 모서리에 대한 연구에서 선사시대의 역사를 읽을 수 있다
고 했습니다. 구랑은 각 시기에 해당하는 부싯돌들을 같은 양으로
비교하고, 날의 길이가 얼마나 늘어나는지 기록했습니다. 최초의
다듬어진 자갈 1킬로그램을 보니 예리한 단면이 10센티미터(300
만 년 전)였습니다. 최초의 주먹도끼는 40센티미터였죠. 그 뒤에
네안데르탈인이 사용했던 도구는 2미터(5만 년 전)였고, 크로마뇽
인이 사용했던 도구는 20미터(2만 년 전)였습니다. 시간이 지날수
록 다듬어진 날의 완성도는 점점 더 높아졌습니다.

어떤 방식으로요?

예를 들어 '르발루아 기법'이라는 석기 제작법이 있습니다.
이 석기를 만들려면 10여 차례에 걸쳐 정확히 타격을 가해야 하
죠. 이는 이미 초기 인류가 전략을 구상했으며 상당한 추상 능력도
갖추었음을 전제로 합니다. 한 고고학자는 이 기법과 종이 암탉을
비교했습니다. 종이 한 장을 한 번, 두 번, 열네 번 접으면 종이 암

닭의 꼬리를 움직이게 할 수 있습니다. 그러기 위해서는 진정 수완과 기량이 필요하죠.

난장판에서 불을 통제하기까지

그렇지만 어쨌든 뇌가 발달했음에도 불구하고 적응 속도는 느렸다고 말할 수 있겠군요.

그렇습니다. 불쌍한 호모 에렉투스는 수십만 년 동안 주먹도 끼를 끌고 다녔습니다. 이것에 비교하면 얇고 광채가 나는 도구들과 금속들, 핵은 순식간에 발명된 것입니다! 우리는 동부 아프리카에 있는 조개 서식지들을 연구해 약 10만 년 전의 전환기를 관찰할 수 있었습니다. 그 시기부터 문화적인 변화가 해부학적 변이를 능가하는 것 같습니다. 진화는 환경의 압력에 새로운 대답을 발견합니다. 경험으로 획득한 것이 우세해지는 것이죠.

여기에 인간의 사회 조직의 변화가 수반되나요?

호모 하빌리스가 점령했던 장소의 흔적들을 관찰해 보면 진짜 난장판이었다는 사실을 알 수 있습니다. 남은 음식이며 돌을 절단하고 고기를 자른 흔적 등 모든 것이 온통 뒤죽박죽 섞여 있습니다. 이 모든 일이 한 장소에서 이루어졌음이 분명합니다. 시간이 꽤 흘러서, 에렉투스들의 야영지에서는 전문화된 모습을 찾아볼 수 있습니다. 자는 장소, 먹는 장소, 돌을 절단하는 장소가 구분되어 있습니다. 이는 실제로 일종의 분업이 있었다는 것을 말해 줍니다. 더 나중에는 이 장소들을 완벽하게 때로는 몇백 미터 떨어질 정도로 분리합니다. 그리고 화덕이 생겨나죠.

에렉투스가 불을 발명한 것인가요?

맞습니다. 약 50만 년 전에요. 이보다 꽤 이전에도 불을 자유자재로 사용하였을 수도 있습니다. 하지만 사회가 그에 대한 준비가 되어 있지 않았습니다. 인류가 불을 통제하게 된 것이 부싯돌과 르발루아 칼날의 발명과 동시적인 것은 우연이 아닙니다. 어쩌면 돌을 다듬는 훨씬 더 능란한 방식을 찾아낸 몇몇 천재들도 있었을 것입니다. 하지만 모든 사회들이 그들을 이해할 준비가 되어 있지 않으면, 그 사회의 발명꾼들은 무시당합니다. 그 발상이 실현되고 일반화되기 위해서는 집단 전체가 충분히 성숙해지기를 기다려야 합니다.

퉁퉁 부어 있는 인간

바로 그 시기에 호모 에렉투스가 현대의 인간인 호모 사피엔스에게 자리를 내어 주고 사라지는 거군요.

맞습니다. 오랜 진화의 과정을 천천히 거쳐 하나가 다른 하나에서 파생됩니다. 변화는 아시아에서 아프리카에서 도처에서 점진적으로, 그리고 균질적으로 일어납니다. 다만 저 유명한 유럽의 네안데르탈인을 제외하고 말입니다.

네안데르탈인은 자신을 발견한 연구자들을 질겁하게 만들었지요. 그는 어디서 온 것입니까?

그는 매우 일찍, 250만 년 전에 유럽에 거주했던 호모 하빌리스의 후손이었던 것 같습니다. 뒤이어 빙하기가 왔기 때문에 유럽은 알프스 산맥과 얼음으로 뒤덮인 북부 지방에 막혀 일종의 섬이 되어 있었습니다. 최초의 하빌리스는 말 그대로 고립된 채 그곳에 있으면서 다른 대륙에 있는 동류처럼 진화하지 못했죠.

왜 그런가요?

우리는 섬에서는 동물상 또는 식물상이 시간이 지나면서 가까운 대륙의 동물상이나 식물상과 구분된다는 것을 알고 있습니다. 유전적 부동浮動[1]을 겪기 때문이지요. 섬이 오래되면 오래될수록, 그곳의 동물상이나 식물상은 대륙의 동물상이나 식물상과 비교해 다변화되어 구별됩니다. 만약 또 다른 행성에 남녀로 구성된 한 집단을 가두어 둔다면, 그들의 개체군도 마찬가지 방식으로 우리와는 조금씩 달라질 것입니다. 애석하게도 말이지요! 네안데르탈인은 그렇게 해서 유사한 유전적 부동에서 탄생했습니다. 그의 얼굴은 눈 위의 뼈가 마치 차양처럼 돌출되어 있으며, 이마도 없고 턱도 없이 퉁퉁 부어 있습니다.

이 때문에 그는 성공하지 못하겠군요.

---

[1] 유한한 크기의 집단에서 세대를 되풀이하는 경우, 나타나는 세대마다 배우자가 유한하기 때문에 유전자의 빈도가 변하는 것을 말한다. 그 예로 병목 현상과 창시자 효과가 있다. 병목 현상은 질병, 재해, 서식지 파괴 등으로 개체 수가 급격하게 줄어들면서 무작위로 일부 유전자가 사라지고 특정 유전자만 살아남는 현상이다. 코끼리 표범이 무분별하게 사냥되면서 개체 수가 급격히 줄었는데, 이 과정에서 우연하게 동일한 유전자를 가진 코끼리 표범만이 살아남았고, 이후 이들의 유전자는 모두 동일해졌다. 창시자 효과는 어떤 개체가 새로운 지역으로 이주하여 오랜 세월에 걸쳐 독자적인 집단을 형성할 때 발생한다. 갈라파고스 군도의 새들은 대륙의 새와 같은 종임에도 다른 특징들을 지닌다. 아메리카 인디언들의 혈액형은 B형이나 AB형이 없고 대부분 O형인데, 오래 전 이주한 창시자 집단에 B 유전자가 거의 없고 O형 유전자 빈도가 높았기 때문이다.

그런데도 그는 유럽에서 거의 3만 5,000년 전까지 살았고, 잠시 동안은 다른 사피엔스인 크로마뇽인과 함께 살기도 했습니다. 프랑스의 크로마뇽에서 유해가 발견되어 이런 이름이 붙여진 크로마뇽인은 약 4만 년 전에 유럽에 도착하기 전에는 아시아와 아프리카에서 진화했습니다.

최초의 동거

어떻게 함께 살기 시작한 건가요? 두 개체군이 전투에 돌입한다는 생각은 감히 못하겠는데 말이에요.

우리는 오랫동안 이 두 유형의 인간들을 대립시켜 왔습니다. 네안데르탈인은 야만적이었을 것이고, 크로마뇽인은 문명화되었을 것이라고요. 하지만 사실 이들은 매우 가깝습니다. 같은 지역을 차례차례 돌아가면서 차지했죠. 이들의 생활 방식은 유사했으며 사용했던 도구도 비슷했어요. 네안데르탈인은 꾀바르고 창조적입니다. 사용하는 언어도 정교했고 시체를 매장했으며 즐거움을 위한 물건들을 수집하기도 했습니다. 8만 년 전 네안데르탈인들의 거주지에서 일종의 취미로 모았던 것으로 추정되는 화석과 광물들이 발견되기도 했습니다. 또한 후기 구석기시대의 급변하는 기술에 매우 잘 적응했습니다. 크로마뇽의 것으로 여겨졌던 프랑스의 샤랑트마리팀 또는 욘의 라미나(층류) 작업장들은 사실은 네안데르탈인들의 것입니다.

두 개체군이 서로 뒤섞이게 된 것이 그때인가요?

그것은 알 수 없습니다. 두 가지 형식의 특성을 동시에 가진 듯이 보이는 화석을 발견하지는 못했어요. 이것 때문에 일부 연구자들은 여전히 두 종이 서로 다르다고 생각하죠.

하지만 네안데르탈인은 결국 멸종했습니다. 왜 그런가요? 크로마뇽인이 그를 절멸시킨 것은 아닌지 의문을 갖지 않을 수 없습니다.

새로운 네안데르탈인에 이어 크로마뇽인, 그 다음에 또 새로운 네안데르탈인 그리고 또 크로마뇽인을 찾아낸 프랑스의 남서쪽에 있는 한 동굴이 있습니다. 마치 한시적이든 공세적이든 간에 네안데르탈인과 크로마뇽인이 연달아 그곳을 점령했던 것처럼 말이죠. 전투가 있었을까요? 그보다는 차라리 네안데르탈인이 조금씩 멸종의 길을 걷고 있었다고 저는 생각합니다. 크로마뇽인은 네안데르탈인보다 문화적으로 그리고 생물학적으로 필요한 장비를 더 잘 갖추고 있었습니다. 경쟁이 있었다 하더라도 폭력적인 일은 일어나지 않았을 겁니다. 어쨌든 경쟁은 둘 중 하나가 우세해지는 상황에 이르게 되지요.

예술의 기원을 찾아서

그럼 선생님과 저는 크로마뇽인의 후손이군요.

그렇습니다. 그는 현대의 인간입니다. 가늘고 섬세한 골격과 상징적 사고를 조금 더 발달시킬 수 있는 발달한 뇌를 가졌습니다. 크로마뇽인은 이내 지구 점령에 마침표를 찍습니다. 사방으로 뻗어 나가 콜럼버스보다 10만 년이나 일찍, 수면에 잠기기 전인 베링 해협을 거쳐서 아메리카로 침입해 들어갔습니다. 적어도 6만 년 전부터는 뗏목을 타고 오스트레일리아까지 갔지요.

그러고 나서 유럽에 정착한 거로군요.

실제로 아시아와 아프리카에서는 하지 않던 일을 유럽의 크로마뇽인이라는 저 특별한 개체군은 합니다. 4만 년 전부터 크로마뇽인 집단은 사물과 암벽에 그림을 그리고 자신의 상상력을 펼쳐 보였습니다.

오늘날 우리가 알고 있는 가장 오래된 장식 동굴은 약 4만 년 전의 것입니다. 거기서 예술의 기원을 찾을 수 있을까요?

그것은 어렵습니다. 예술은 점진적으로 탄생했어요. 실제로 네안데르탈인에서 크로마뇽인까지 문화는 연속성을 띠며 발전했습니다. 반면 해부학적으로는 불연속적이죠. 네안데르탈인들은 호기심이 매우 강했어요. 그들은 광물을 수집하고 목걸이를 만들기 위해 조개와 치아에 구멍을 뚫었으며, 해골을 이용해서 호각, 작은 피리 같은 악기를 발명하기도 했습니다. 황토는 훨씬 더 멀리까지, 수십만 년 전까지 거슬러 올라가 이때 처음 사용했죠.

동료를 매장하고, 그림을 그리고, 동기 없는 행동을 하고, 의례에 몰두하는 것은 시간의 개념을 발견한 것인가요? 다르게 말하면 우주에 자기 흔적을 남긴 것인가요?

그렇습니다. 의식과 그것의 논리적 귀결인 상징적 사고는 세대를 거듭하면서 천천히 완성되었습니다. 하지만 10만 년 전 이래로 정말 새로운 것은, 또 다른 세상을 향한 여행을 준비할 정도로 다른 세상을 꿈꾸고 상상하는 인간의 능력, 그리고 의례들입니다. 4만 년 전부터는 그것에 수반되는 예술입니다. 단지 특정 개인들만 그런 묘지를 가질 권리를 가졌는데, 이는 사회적 선택을 말해줍니다.

문화를 꽃피우다

다음으로 청동과 철, 문자, 그리고 오늘날 우리가 이해하는 것과 같은 역사가 도래합니다. 그리고 전쟁도 생겨났죠. 전쟁을 발명한 것은 현대인인가요?

그렇습니다. 하지만 전쟁은 최근의 일입니다. 오늘날 밝혀진 최초의 시체더미는 4,000년 전 금속기 시대로 거슬러 올라갑니다. 농업과 목축, 이어서 납, 주석의 발견이 소유의 욕망, 즉 자신의 세습 재산을 지켜야 할 필요성을 촉발시켰던 것 같습니다. 조개 서식지를 소유하는 과정을 거치면서 청동기와 철기를 제작한 것은 사실입니다. 이는 그것을 사용한 일부 개체군들에게 예기치 못한 부를 가져다주었습니다.

문화를 꽃피움으로써 인간은 자연을 통제하기 시작했습니다. 최초의 크로마뇽인에서 우리에게 이르기까지 인간의 신체 또한 진화를 겪나요?

인간은 아주 조금 진화하였을 뿐입니다. 골격과 근육이 더 가늘어지고 섬세해졌습니다. 치아의 수는 물론이고 크기도 줄어들었어요. 임신기간은 단축되어 엄마와 아기가 서로 더 가까워지고 아이를 교육시키는 기간이 더 늘어났습니다. 아프리카 구석에서 300만 년 전에는 인구가 15만 명이었던 것이 200만 년 전에 지구 전체로 퍼져 수백만 명이 되었고, 1만 년 전에 1,000만에서 2,000만 명이 되는 등 인구는 빠르게 불어났어요. 지구의 인구는 200년 전에 10억 명이었으나 오늘날에는 60억이나 되었죠.

인류는 곧이어 다양화됩니다. 인종의 개념은 당신에게 의미가 있습니까?

없습니다. 식물학 용어로든 동물학 용어로든 인종 또는 품종은 아종亞種[1]입니다. 그러므로 인간에게 인종의 개념을 사용하는 것은 적절하지 못합니다. 우리는 모두 사피엔스 사피엔스입니다.

1 종의 하위 단계로, 장래에 별개의 종으로 분화될 가능성이 있는 것으로 간주한다.

확실히 많은 개체군들이 존재하며 그 속에서 개체들은 서로 가까우면 가까울수록 다른 개체군의 개체들과는 근접하지 않습니다만, 인종은 없습니다. 세포조직, 세포, 분자의 차원에서는 이 구별들이 아무 의미가 없는 것처럼 혼혈은 그런 성질의 것입니다.

이브와 사과

우리가 방금 훑어 온 인간의 기원에 관한 이 시나리오에서 아직 풀리지 않은 수수께끼가 있나요?

가장 큰 수수께끼는 진화가 발생되는 방식입니다. 변화하는 환경 속에서 동물과 인간은 새로운 기후 조건에 적응하기 위해 변화를 겪을 수 있습니다. 마치 매번 좋은 선택이 이루어질 수 있는 적절한 돌연변이의 표본이 있기라도 하는 것처럼 말이지요. 진화는 확실히 자연선택에 의해 이루어지는 것일까요? 환경의 변화에 살아 있는 존재들이 기적적으로 적응하는 것을 설명하기에 자연선택으로 충분할까요? 아니면 환경의 변화는 더 직접적으로 유전자의 변화를 초래하는 것일까요? 조금만 시간이 지나면 이 수수께끼들을 풀 수 있겠지만요.

우리의 역사에 어떤 의미, 또는 어떤 논리가 있다는 말씀인가요?

현재 인정할 수 있는 것은 오늘날의 생명체가 10억 년 전에 살았던 것들보다 더 복합적이라는 사실뿐입니다. 저는 우발성도 우연도 믿지 않습니다. 우발성은 매우 짧은 기간을 연구할 때만 나타난다고 생각합니다.

가령 인류의 기원에 대하여 과학적 견해와 종교적 견해를 화해시켜야 한다는 것을 말씀하고 싶으신 건가요?

둘은 양립될 수 없습니다. 과학은 결국 계속 관찰을 할 뿐, 교조적일 수 없습니다. 과학은 언제나 현실이 더욱 복합적이라는 것을 잘 알고 있습니다.

아담과 이브는 역사에서 어디쯤에 해당될까요?

저는 아담과 이브가 300만 년 전에 저 단층 근처, 동부 아프리카의 향기롭고 아름다운 사바나에서 살았던 호모 하빌리스였을 것이라 생각합니다. 그 지역은 인간이 사냥을 시작하고 말을 하기 시작했을 때 일종의 지상 낙원이었음에 틀림없습니다.

아프리카 사과, 그러니까 종려나무의 열매죠. 아프리카에 뱀은 부족하지 않을 정도로 많이 있고요. 하지만 성서를 과학과 접목시키려 하지는 맙시다. 그것은 의미가 없을 것 같습니다.

인류 역사의 의미

선생님께서는 인류가 다른 동물보다 특별하다는 것의 근거가 무엇이라고 생각하십니까?

그것은 본성이라기보다 정도의 문제에 더 가깝습니다. 침팬지를 관찰해 보면 이들이 인간과 비슷하게 행동하는 것들이 있다는 사실에 놀랍니다. 예를 들어 수컷들은 처음 비가 내리면 암컷들 앞에서 춤을 춥니다. 레비스트로스[1]는 엄마와 아이 사이의 근친상간 금기를 보고 인간 사회에 대해 직관하게 되었습니다. 그런데 침

---

1 1908~2009. 프랑스의 인류학자로, 인간의 사회와 문화를 이해하는 방법으로 구조주의를 개척하고 문화 상대주의를 발전시켰다. 유명한 저서 『슬픈 열대』에서 문화는 나라마다 다르긴 해도 더 우월하거나 열등하고 야만적인 문화는 없다고 단언하였다. 이 책은 서구 중심주의와 인종주의, 그리고 서구의 오만과 편견을 깨는 데 크게 기여했다.

팬지에게서도 이런 금기를 발견할 수 있습니다.

그렇다면 인간을 어떻게 정의할 수 있습니까? 의식? 아니면 사랑?

　감정이 확실합니다. 하지만 무엇보다 인간은 죽음에 대한 의식을 통해 정의할 수 있습니다. 죽음에 대한 의식은 고등 사고에 해당합니다. 각자가 유일하고 무엇으로도 대체될 수 없으며, 존재의 소멸은 돌이킬 수 없는 드라마임을 깨닫는 것, 이것이 제 생각에는 반성적 의식을 정의할 때 본질이 되는 것입니다. 이것이 자의식, 타인에 대한 의식, 환경과 시간에 대한 의식을 포괄하는 것은 명백합니다.

이 긴 역사의 윤리는 어떤 것이라고 생각하십니까?

　이 마지막 막이 우리에게 가르쳐 주는 것은 무엇보다 우리가 유일한 기원을 가지고 있다는 사실, 우리는 모두 300만 년 전에 태어난 아프리카 출신들이라는 사실입니다. 이를 통해 우리는 유대감을 가질 수 있을 것입니다. 또한 자연에 맞선 오랜 투쟁 이후에, 인간이 천천히 타고난 모든 조건에 맞서 강하게 자기수양을 함으로써 동물의 세계에서 벗어났다는 사실을 환기해야 합니다. 오늘날 우리는 놀라울 정도로 자유롭습니다. 유전자를 조작하고 시험관 아기를 만듭니다. 그런데 또한 매우 취약합니다. 만약 인간의 아이가 사회에서 멀리 떨어져서 자란다면, 아이는 아무것도 갖추지 못할 것이고 심지어 뒷다리로 걷는 것조차 할 수 없을지도 모르며, 아무것도 습득하지 못할 것입니다. 오늘날 우리에게 존엄성과 책임감을 갖게 한 저 불안정한 자유를 획득하는 데에 우주와 생명과 인간의 진화 전체가 필요했습니다. 지금 우리가 우리의 우주적, 동물적 그리고 인간적 기원에 대해 의문을 갖는 것은, 우리를 거기서 더 잘 빠져나오게 하려는 것입니다.

우리는 어디로
가고 있을까?

> 조그만 지구 위에서 자신들의 힘 때문에 위태로워진 존재들
> 이 있다. 호기심 많고 의식을 가진 이 존재들이 좁은 곳에서
> 고개를 들어 하늘을 바라보며 걱정스런 질문을 던진다. 세계
> 의 이 아름다운 역사는 어떻게 계속될 수 있을까?

조엘 드 로스네가 말하는 생명의 미래

결국 우리는 138억 년에 걸쳐 진화하고, 불과 수천 년이란 시간 내에 문명을
일군 뒤 지금의 상태에 와 있습니다. 빅뱅 이후 점점 더 복잡해지는 구조(그
중 가장 아름다운 꼭대기 꽃장식이 우리입니다)를 만들어 내면서 전개되어

온 진화는 오늘날에도 여전히 계속되고 있습니까?

입자, 원자, 분자, 고분자, 세포, 몇 개의 세포로 구성된 최초의 유기체들, 몇몇 유기체로 구성된 개체군, 개체군들로 이루어진 생태계, 그 다음에 오늘날에는 자신에 대한 생물학적 이해를 외재화하는 인간이 있습니다. 진화는 당연히 계속되고 있습니다. 하지만 지금 진화는 무엇보다 기술적이고 사회적입니다. 문화가 진화의 바통을 이어받았죠.

그러니까 우리는 역사의 전환기, 생명의 출현에 비견할 만한 급격한 변화에 맞닥뜨린 거군요.

그렇습니다. 우주, 화학, 생물학적 국면을 지나 이제 다음 천 년 동안 인류가 연기를 펼칠 4막을 열어젖힐 것입니다. 우리 인류는 이제 공동체 의식을 갖기에 이르렀습니다.

다음 막을 어떻게 특징지으시겠습니까?

우리는 지금 새로운 형식의 생명을 창조하고 있다고 말할 수 있습니다. 바로 생물의 세계와 인간이 만들어 낸 산물들을 포괄하고, 그 또한 진화하면서 우리도 그 구성세포가 될 전 지구적 거대 유기체입니다. 이 유기체는 인터넷을 배아로 가진 신경체계와 물질을 재활용하는 신진대사 과정을 가집니다. 상호의존적인 체계들로 구성된 총괄적인 뇌가 전자의 속도에 인간을 연결시키고, 우리의 교환을 획기적으로 바꾸고 있습니다.

계속 은유를 사용해 보자면, 이번에는 자연적이 아니라 문화적인 선택이라고 말할 수 있을까요?

그렇다고 생각합니다. 우리의 발명품은 돌연변이에 버금갑니다. 이 기술적이고 사회적인 진화가 다윈의 생물학적 진화보다 훨씬 더 빨리 진행되고 있어요. 인간은 새로운 '종'을 만들어 내고 있죠. 전화, 텔레비전, 자동차, 컴퓨터, 위성 등이 그것입니다.

선택을 하는 것은 바로 인간 자신들이고요.

맞습니다. 예를 들어 시장을 봅시다. 발명품들 중 일부 종은 선택하고 어떤 것은 제거하고 또 추가 생산을 합니다. 이것이 다윈의 시스템이 아니라면 무엇이겠습니까? 생물의 진화와 크게 다른 점은, 인간은 관념 속에서 자신이 원하는 만큼 종들을 만들어 낼 수 있다는 것입니다. 이 새로운 진화는 비물질화되고 있습니다. 인간은 현실 세계와 상상의 세계 사이에 새로운 세계, 즉 가상 세계를 끼워 넣고 있습니다. 가상 세계를 통해 인간은 인공 우주를 탐험할 뿐만 아니라 아직 존재하지 않는 사물이나 기계를 만들어 시험해 볼 수 있습니다. 어떤 점에서 이런 문화적이고 기술적인 진화는 자연의 진화와 동일한 '논리'를 따른 것입니다.

기술적인 진화에도 복합성이 계속 작용한다고 말할 수 있나요?

그렇습니다. 하지만 복합성은 차츰차츰 물질의 무거운 외투에서 벗어나고 있어요. 어떻게 보면 우리는 다시 빅뱅을 만나고 있습니다. 120억 년 전의 에너지 폭발은 테야르 드 샤르댕에게 소중했던 '오메가 포인트'[1]의 역과 비슷합니다. 물질에서 해방된 정신의 폭발이라 할까요. 시간을 잊는다면, 정신과 물질은 혼합될 수 있을 것입니다.

그렇지만 시간을 잊기는 어렵습니다. 그리고 우리 인간의 생명이 지속될 수 있는 시간은 매우 짧고 우리는 거기에 얽매여 있죠. 마치 세포처럼 개체를

---

1 샤르댕은 우주가 시작점인 알파 포인트에서 시작하여 종점인 오메가 포인트로 진화한다고 생각했다. 즉 오메가 포인트는 우주의 진화가 최대한 이루어지는 지점을 말한다.

넘어서 지구 전체에 통합되어야만 한다면, 개체에게 여전히 미래가 있나요?

물론입니다. 개체는 한층 더 완성될 수 있다고 생각합니다. 세포들이 사회를 이룰 때, 그들은 고립되어 있을 때보다 훨씬 더 큰 개체성에 도달합니다. 거대 조직의 단계가 전 지구적인 동질화의 위기를 내포하는 것도 사실이지만, 다양화의 씨앗들도 내포하고 있습니다. 지구가 종합적일수록 지구는 더 분화됩니다.

지금 당신은 생물학자로서 현재 사회를 진화, 뇌, 돌연변이 등에 대해 말하면서 설명하고 있습니다. 그렇다면 은유를 현실로 간주하고 있는 것은 아닐까요?

생물로부터 사회에 대한 전망을 추론해 낼 수는 없습니다. 그 반대를 주장한다면 받아들일 수 없는 이데올로기에 도달하죠. 하지만 생물학은 우리의 사고에 혈액을 공급할 수 있습니다. 20세기 초에는 톱니바퀴, 큰 시계 같은 기계적 은유들을 주로 사용했습니다. 그러나 지금에 와서 가장 교육적인 것은 유기체의 은유들을 사용하는 것입니다. 그것을 문자 그대로 받아들이지 않는다는 조건 하에서 말입니다. 우리가 창조하고 있는 지구의 유기체는 우리의 기능과 감각을 외재화하고 있습니다. 텔레비전을 통해 우리의 시각을, 컴퓨터를 통해 우리의 기억을, 운송수단을 통해 우리의 다리를 외재화하죠. 큰 문제가 하나 남았습니다. 우리는 그것과 공생할 것인가, 아니면 기식자가 되어 우리가 얹혀살고 있는 주인, 즉 지구를 파괴할 것인가? 그렇게 되면 우리는 심각한 경제적, 환경적, 사회적 위기에 도달하게 될 것입니다.

당신은 어떻게 예측하십니까?

우리는 현재 이익을 위해 에너지 자원, 정보, 물질들을 흡수하고 그 찌꺼기를, 매번 우리를 받치고 있는 시스템을 척박하게 만들면서 주변 환경에 다시 뱉어내고 있습니다. 산업화된 일부 사회들이 그렇지 못한 다른 사회의 성장을 억제하고 있는 이상, 우리는 서로에게 기생하고 있습니다. 만약 우리가 지금 이대로 계속 나아간다면 우리는 지구의 기생충 같은 존재가 될 것입니다.

그렇다면 그것을 피하고 지구를 보존하려면 어떻게 해야 할까요?

과거지향적인 환경학자들이 바라는 것처럼, 저장고를 만들고 그 울타리 안에 생물의 다양성을 가두는 것이 문제가 아닙니다. 그보다는 차라리 지구와 기술 사이, 환경과 경제 사이의 조화를 찾아내야 합니다. 위기에서 벗어나려면 우리는 방금 이야기했던 것과 같은 복합성의 진화에 대한 우리의 인식에서 교훈을 끌어내야만 할 것입니다. 우리의 역사를 이해한다는 것은 필요한 간격을 만들고, 우리가 하는 일에 방향과 '의미'를 그리고 틀림없이 더 많은 지혜를 제시할 수 있게 하는 것입니다. 저는 집단 지성(인공지능)의 발전, 기술의 인간화를 믿고 있습니다. 그리고 우리가 원할 때 우리가 평온하게 인류의 다음 단계로 진입할 수 있기를 희망합니다.

이브 코팡이 말하는 인간의 미래

조엘 드 로스네는 우리 세계의 역사가 문화적 진화를 다룬 4막에 접근하고 있다고 말했습니다. 당신의 견해도 그렇습니까?

언젠가 북극에서 돌아온 탐험가 장 루이 에티엔에게 "그곳에서 엄청 추웠을 텐데!"라고 말한 적이 있습니다. 그는 간단하게 이렇게 대답했습니다. "그렇지 않았어. 이불을 덮었지!" 우리 문화적 진화의 전형이 바로 이런 것입니다. 우리는 매일 신체와 주변 환경을 한층 더 잘 통제할 수 있도록 개선하고 있으며, 또한 문화에 진화의 계주를 넘겼습니다. 이후로 환경의 요구에 가장 빨리 응답하는 것은 문화이지 더 이상 자연이 아닙니다.

그러니까 호모 사피엔스인 우리의 신체는 더 이상 변화하지 않는 건가요?

그렇지는 않겠지만 매우 느리게 진행될 것입니다. 그 때문에 우리는 더 먼 미래를 바라보아야 합니다. 다음 천 년 훨씬 너머를 말이죠. 천만 년 뒤에는 지금의 머리와는 다른 머리를 갖게 될 수도 있습니다. 우리의 골격은 더 가늘고 더 섬세해질 것이고, 우리의 뇌는 틀림없이 계속 발달할 것입니다.

새로운 적응력을 갖게 되겠군요.

그렇습니다. 뇌 용량, 결국 태아의 머리가 더 커져서 임신기간이 훨씬 더 단축되는 것도 불가능하지는 않습니다. 미래의 초인의 어머니가 여섯 달 만에 분만을 해야 한다면, 짧은 어린 시절은 더 연장될 것이고 성장의 시간 또한 그럴 것입니다. 우리는 과거에 임신이 어떠했는지 알지는 못하지만, 우리가 이런 방향으로 진화해 왔으며, 앞으로도 이런 식으로 계속될 수 있다고 생각해 볼 수 있습니다.

그러니까 인간의 진정한 생물학적 진화는 끝나지는 않았군요.

진화 속도는 느려졌으나 계속되고 있습니다. 왜냐하면 우리는 생물학의 법칙을 여전히 따르고 있고 적응을 잘 하는 성향이 있기 때문입니다. 우리와 마찬가지로 진화하는 바이러스들이 우리에게 문제를 일으킬 수 있습니다. 우리는 또한 대기를 변질시킬 우주의 대재앙으로부터 안전하지도 않습니다. 하지만 인간이 정말 자연선택에 따르고 있다고도 더 이상 말할 수 없습니다.

우리의 종을 또 변화시킬 수 있는 유전자 대변이는 더 이상 없을 거라는 말인가요?

물론 돌연변이는 있을 것입니다. 하지만 돌연변이를 출현시킬 수 있는 동형접합체는 또 다른 문제입니다. 현재 인간 개체군에서 유전자들의 혼합은 영속적입니다. 유전자부동을 통해 열성적 특성을 출현시킬 수 있는 고립된 집단들은 이제 없습니다. 우리가 우주 공간을 점령한다면 모를까. 하기야 인간이 그렇게 할 수 있는 가능성도 있습니다. 행성들에 대해 더 나은 지식을 획득한다면, 인간은 300만 년 전 이 행성에 침입하려고 시도했던 것과 같은 새로운 유형의 확장을 개시할 것입니다.

그럴 경우에 무슨 일이 일어날까요?

    또 다른 지구에 정착한 작은 개체군들이 만약 오랫동안 고립된 채 있었다면, 그들은 파생될 것이고 분산될 것입니다. 이들의 생물학과 문화는 다른 방식으로 진화할 것입니다. 다른 행성에서 탄생할 수 있는 새로운 모든 문화를 상상해 보세요. 분명 새로운 종들도 있을 것입니다.

우리가 우주 공간 속으로 간다면, 우리의 신체도 상당히 바뀌지 않을까요? 지구 주변의 궤도 내에서 한동안 체류하면 뼈가 빠르게 쇠약해지고 신체 조직이 더 이상 같은 방식으로 작동하지 않는다는 것을 확인할 수 있었습니다. 우리는 박식한 민달팽이가 될 위험이 있습니다.

    우리는 우주 공간에서의 삶의 조건과 결과에 대해 아직 아는 것이 별로 없습니다. 무중력 상태에서 신체는 현저하게 변화하며 뼛속 무기질도 빠져나가 그것들을 본래 있던 자리로 되돌려 놓기도 어렵습니다. 수백만 년 동안 우주 공간에 유배된다면 우리의 사촌들은 틀림없이 우리와 매우 달라질 것입니다. 그때 우리는 아마도 다양한 개체군들을, 나아가 진정한 의미에서의 인종을 발견하게 될 것입니다.

오늘날 우리는 다양성을 잃어 가고 있는 중이군요. 인간의 문화는 점점 더 동질적이 되고 있으며, 세계는 전체적이 되었고, 지구는 매우 작아졌습니다.

사실입니다. 사람들은 여행을 많이 다녀서 생물학적으로 또 문화적으로 서로 뒤섞이고 있습니다. 문화 또한 그렇습니다. 하지만 부시족이나 '보호구역'이라는 노골적인 용어로 불리는 곳에 유배된 아메리카 인디언들을 보면 이런 의문도 듭니다. 이 개체군들을 그들의 전통, 그들의 노래, 그들의 언어 속에 그대로 유지시키기를 원하는 것이 그들에게 현대 세계로의 접근을 금지시키는 것은 아닐까? 보호구역은 그들의 즐거움이 아니라 우리의 즐거움을 위해 우리가 마련한 태초의 작은 섬들은 아닌가? 저는 이 집단들이 유전적으로 그리고 문화적으로 우리와 뒤섞이거나(또는 역으로 우리가 그들의 문화에 수용되거나), 아니면 사라지는 것 외에 다른 해결책이 없다고 생각합니다. 원형을 보존하는 것에 대한 향수를 느끼지 말아야 합니다.

우리가 알고 있는 빅뱅 이후에 작동 중인 복합성은 계속 진행될 거라 생각하시나요?

그렇습니다. 인간은 점점 늘어나는 인식을 축적하고 있습니다. 인간은 더 큰 지식과 더 큰 자유를 향해, 문화를 향해, 그리고 점점 더 복잡해지는 자연적 본성을 향해 전진하고 있습니다. 우리는 물질 그리고 생명과 같은 길을 가고 있습니다.

당신은 낙관적인 종에 속하는 것 같은데요?

단연 그렇습니다. 저는 인간 사회가 비교적 잘 조직되었다고 생각합니다. 우리는 조금씩 환경을 의식하고 있습니다. 유엔을 보십시오. 이 조직은 많은 어려움을 겪었습니다. 하지만 조금 거리를 두고 상황을 관찰하면, 우리는 인간이 자신의 세계적 조건을 의식한 것이 불과 70년에 불과하다는 것을 알 수 있습니다. 그것은 우리의 역사에 비추어 볼 때 과연 무엇일까요?

정말 하찮은 것이지요. 하지만 한 개인에게는 그렇게나 많은 시간이고요.

우리가 근대라고 부르는 시기를 우리 종의 300만 년 삶과 비교해 본다면, 그건 무시해도 좋다는 사실을 잊어서는 안 됩니다. 현생 인류는 일정한 사고 수준에 도달하기는 했지만 아직 매우 어립니다. 우리 시대의 많은 어려움들은 많은 개체군들이 세계에 대해 축소된 정보만 가지고 있다는 사실에서 비롯된 것입니다.

위베르 리브스가 말하는 우주의 미래

우리는 이브 코팡과 함께, 한 인간의 생이 우리의 역사에 비추어 볼 때 극히 사소한 한 사건이라는 것을 확인했습니다. 우리는 아직도 인류의 선사시대 아니면 우주의 선사시대에 있는 것일까요? 우주는 얼마 동안 더 확장하게 될까요?

가장 최근의 관찰에 의하면, 우주는 지속적으로 확장될 것이라는 시나리오가 더 맞는 것 같습니다. 따라서 우주의 크기는 무한할 것이고 우주의 생명은 무한히 연장될 것입니다. 우주는 천천히 절대 0도에 가까워지면서 냉각될 것입니다. 그렇다면 우리는 그 무엇도 확언할 수 없습니다. 우리의 예측은 오로지 네 가지 힘에 근거를 둔 이론들에 의존하고 있습니다. 그 무엇도 우리가 다른 힘을 발견하지 못할 것이라고 확인시켜 주지는 못합니다. 새로운 힘이 발견되면 이 예측은 바뀔 수도 있겠죠.

우주가 무한히 팽창한다는 것은 곧 우주가 점점 더 텅 비게 되고 천체들은 계속해서 서로 멀어지고, 여기서 보이는 하늘이 완전히 검어질 것이라는 말이 됩니까?

우리의 밤하늘을 빛나게 하는 별들은 팽창에 가담하지 않습니다. 전체적으로 별들은 우리에게서 멀어지지 않습니다. 팽창은 은하들 사이에서 작동하지, 은하들 내부에서는 작동하지 않습니다. 시간이 지나면 은하들은 우리의 망원경으로 보기에는 점점 더 빛이 약해질 것입니다. 하지만 이렇게 빛이 약해지는 것은 수십억 년이 지나지 않고서는 알아챌 수 없을 것입니다.

이 모든 것은 가정입니다. 왜냐하면 그때 인간은 더 이상 관찰하고 있지 않을 것이기 때문입니다. 몇몇 별들은 소멸될 것입니다. 특히 우리의 별인 태양이 소멸하겠지요. 그렇지 않은가요?

그렇습니다. 앞서 말했다시피, 오늘날 태양은 이미 제 수소의 반을 연소시켰으며 제 생의 중반에 와 있습니다. 50억 년 뒤에는 거의 전부를 소비할 것이고, 그러면 어마어마한 적색거성이 될 것입니다. 태양의 중심핵은 점점 축소되겠지만, 그동안 태양의 대기층은 반대로 10억 킬로미터까지 확장될 것입니다. 동시에 태양의 색깔도 노란색에서 붉은색으로 바뀔 것입니다.

그때 행성들은 불에 다 타버리겠군요.

그렇습니다. 태양은 현재보다 1,000배는 더 빛을 낼 것입니다. 지구에서 보면 태양이 하늘의 큰 부분을 차지할 것입니다. 우리 지구에 미치는 온도도 몇천 도까지 상승할 것입니다. 생명이 사라질 것이고 지구는 증발할 것입니다. 수억 년의 세월이 걸리겠지요. 우리의 별, 저 태양은 또한 수성과 금성 그리고 아마도 화성까지 해체시킬 것입니다. 목성이나 토성 같은 멀리 있는 행성들은 수소와 헬륨으로 구성된 대기층을 잃고 헐벗은 바위투성이의 거대한 핵들만 보유하게 될 것입니다. 더 나중에는 핵에너지를 빼앗긴 태양은 달 크기의 백색왜성의 모습을 하게 될 것입니다. 그리고 수십억 년에 걸쳐서 천천히 식어 갈 것이고, 빛을 잃은 별의 시체인 검은왜성이 될 것입니다.

지구를 구성했던 물질은 어떻게 될까요?

그 물질들은 별들 사이의 우주 공간으로 돌아갈 것입니다. 그리고 더 나중에는 새로운 별들을 구성하는 데 쓰일 수도 있고, 나아가 행성들이 형성되는 데 가담할 수도 있을 것입니다.

새로운 생명들이요?

안될 이유가 없지요. 우리 신체의 원자들도 언젠가는 멀리 떨어진 어떤 생명계에서 생명 조직들을 구성하는 데 사용될 것이니까요.

유일하게 확신할 수 있는 것은 인간이 40억 년 이상 지구에 남아 있을 수 없으리라는 것입니다.

그렇습니다. 하지만 이브 코팡의 말처럼 운명의 시기 훨씬 전에 우리가 별들 사이의 긴 여행을 완수할 수 있을 거라 생각해 볼 수도 있습니다. 2세대 내지 3세대에 걸쳐 인류가 이룬 진보를 한 번 생각해 보세요. 조상들은 최대 시속 50킬로미터로 여행을 했던 반면, 오늘날 우리는 시속 5만 킬로미터에 달하는 배를 소유하고 있습니다. 우리의 관측기구들이 언젠가 빛의 속도에 근접하게 될 가능성도 배제할 수 없습니다. 그러면 우리의 후손들은 멀리 있는 별들 옆으로 빛을 찾으러 갈 수도 있을 것입니다.

러시아 소비에트 우주 항공의 아버지인 콘스탄틴 치올코프스키의 멋진 표어와 같군요. "지구는 우리의 요람이지만, 우리는 영원히 그 요람 속에 머물러 있지 않을 것입니다." 그렇다면 복합성의 진화는 인간과 함께 지속될 수 있을 뿐만 아니라, 인간 없이도 가능한 것이로군요. 결국 우리가 이 역사의 주인공이라는 것은 확실하지 않습니다.

맞습니다. 생명이 완전히 사라지지는 않은 채 인간 종이 절멸한다는 생각을 해 볼 수도 있습니다. 예를 들어 곤충들은 우리보다 훨씬 더 저항력이 강합니다. 전갈은 우리를 죽일 수 있는 비율보다 더 높은 비율의 방사능 속에서도 살아갈 수 있습니다. 전갈은 핵전쟁에도 살아남을 수 있고, 지능을 발달시킬 수 있으며, 기술을 재발견할 수도 있을 것입니다. 그래서 수백만 년 뒤에는 우리와 유사한 오염 문제에 맞닥뜨릴 위험도 있을 것입니다.

대화를 하는 동안 우리는 우리의 역사에서 어떤 의미를 찾아내기를, 아니면 적어도 결정론적 관점을 채택하기를 거부했습니다. 그러나 복합성이 진보를 멈추지 않았다는 것은 어쩔 수 없이 인정할 수밖에 없군요. 복합성은 계속될 것이라 생각할 수 있겠습니다.

저는 현실의 두 얼굴에 충격을 받았습니다. 첫 번째 얼굴은 우리가 지금까지 이야기해 온 이 아름다운 역사를 보여 줍니다. 그것은 실제로 이 모든 것에 의미가 있다고 생각하게 할 수 있습니다. 그런데 이보다 어두운 두 번째 얼굴은 그의 동류들 그리고 생물계와 조화롭게 살 수 없는 오늘날의 인간을 보여 줍니다. 인간에게는 전쟁과 훼손이 친숙합니다. 마치 진화의 과정에서 주어진 어떤 시기에 뭔가 갈팡질팡하고 있기라도 한 것처럼 말이죠.

당신은 그것을 어떻게 해석하십니까?

왜 이것이 물리의 세계에서는 그렇게 잘 진행되고 인간의 세계에서는 이렇게 잘못 진행되고 있는 걸까요? 자연은 복합성 속에서 그만큼 모험을 감행하고도 왜 '무능력의 수준'에 도달했을까요? 다윈의 관점에서 오로지 자연선택의 결과에만 기반을 둔 해석이 그럴 것이라고 생각합니다. 하지만 다른 관점에서 볼 때, 자유로운 존재의 출현이 진화의 필연적인 산물이었다면 아마도 우리는 자유의 대가를 치르고 있는 중은 아닐까요? 우주의 드라마는 세 문장으로 요약될 수 있습니다. 자연은 복합성을 낳고, 복합성은 효율성을 낳고, 효율성은 복합성을 파괴시킬 수 있다.

무슨 뜻입니까?

20세기에 인간 존재는 스스로를 파괴시키는 두 가지 방식을 발명했습니다. 하나는 과잉 핵무장이고 다른 하나는 환경 훼손입니다. 복합성은 실현가능할까요? 스스로를 위협하도록 이끌고 있는 진화의 현 단계에 도달한 것이 자연으로서는 좋은 생각일까요? 지성은 독이 든 선물일까요?

어떻게 대답하시겠습니까?

　우리는 현재 지구의 한계에 직면해 있습니다. 지구를 훼손하지 않고 100억 명이 공존하는 것이 가능할까요? 인간이 천재라 해도, 그들이 원자를 부수고 태양계를 탐험하면서 수없이 그것을 증명했다 하더라도, 그 과업은 우리가 과거에 했던 모든 일보다 더 까다롭고 어려운 일이 될 것입니다. 특히 그 과업은 경제성장이라는 생각을 버리고 '지속가능한 발전'에 몰두하도록 강요합니다. 우리의 지도자들에게 이것을 이해시키기는 어렵습니다.

조엘 드 로스네가 말한 바 있는, 지구의 유기체를 관리한다는 것은……

　한 유기체 안에는 경고와 치유의 체계가 있습니다. 상처를 입으면 신체 전체가 동원됩니다. 우리는 지구의 수준과 유사한 시스템을 발명해야 합니다. 유엔과 인도주의 단체들이 이미 그 시스템의 초안들입니다. 우리는 그보다 훨씬 더 멀리 가 보아야 할 것입니다.

시각 효과 때문에 우리가 착각하고 있는 것은 아닐까요? 우리 세기에 코를 지나치게 높인 것은 아닐까요? 예를 들어 어린 양의 관점에서 상황을 분석해 본다면 분명 매우 비관적인 말들을 늘어놓을 수 있겠지만, 인간의 관점에서 본다면요? 이브 코팡이 암시한 것처럼 우리는 여전히 그저 선사시대에 있는 것은 아닐까요? 우리에게는 아직도 윤리와 문명의 더 높은 단계에 도달하기 위해 많은 시간이 필요한 것은 아닐까요?

인류가 행동과 윤리의 차원에서 진정 진보한 것일까요? 확신은 하지 못하겠습니다. 그 문제라면 오랫동안 토론할 수 있을 것입니다. 물론 노예제도를 폐지했고 인권을 인지했습니다. 하지만 아메리카 인디언들은 그때 이미 감탄할 만한 인간적 행동 수준에 도달해 있었습니다. 또한 미국 헌법에도 광범위하게 영향을 미친 사회적 행동 규칙들을 확립시켰습니다. 클로드 레비스트로스는 노예제도가 위대한 문명들과 함께 출현했다는 사실을 입증했습니다. 윤리가 진보했다는 것은 명백한 사실이 아닙니다.

이 문제는 다른 곳에서도 제기될 가능성이 있습니다.

지구에 건설한 우리의 문명은 필시 다른 많은 문명들 중 한 예에 불과할 것입니다. 우주의 진화가 다른 행성들, 다른 형태의 생명들, 다른 지성들도 형성시켰으리라는 가정하에, 우리는 지구 밖의 문명들이 우리가 오늘날 지구에서 마주친 위협들에 직면했었다고 가정할 수도 있습니다. 그 세계를 한 번 방문해 보면 우리는 매우 다른 두 가지 전형적인 예를 찾아볼 수 있겠죠. 적응할 줄 몰랐던 자들의 행성에는 방사성 폐기물로 뒤덮인 불모의 건조한 환경이 기다리고 있을 겁니다. 그리고 그렇지 않은 다른 자들의 행성에는 우리를 환대하는 초록빛 표면이 있겠죠.

공생이냐 죽음이냐, 조엘 드 로스네가 말하곤 했지요. 이렇게도 말할 수 있을까요? 지혜인가 아니면 물질의 복수인가?

지금 우리에게 가장 중요한 질문이 던져졌습니다. 우리는 우리 자신의 능력과 공존할 수 있을까? 만약 대답이 부정적이라면 진화는 우리 없이 계속될 것입니다. 시시포스[1]처럼 우리는 탈출하기 위해 산꼭대기로 바위를 밀어 올릴 것입니다. 좀 어리석지 않나요, 아닌가요? 현재의 무거운 상황에 눈을 감아서는 안 됩니다. 그렇지만 계속 낙관적인 것은 중요합니다. 너무 늦기 전에 우리의 행

---

1 그리스 신화에 나오는 인물로 못된 짓을 많이 해 커다란 바위를 산꼭대기로 밀어 올려야 하는 형벌을 받았다. 그러나 바위가 산꼭대기에 이르면 다시 아래로 굴러 떨어지므로, 시시포스는 영원히 고역을 되풀이하고 있다.

성을 구하려면, 무슨 일이든 해야 합니다. 우리는 그것을 책임진 자이면서 그 계승자입니다. 세계의 이 아름다운 역사가 계속 이어질 수 있게 만드는 것은 우리의 몫입니다.

옮긴이의 말

이 책은 천체물리학자 위베르 리브스, 생물학자 조엘 드 로스네, 인류학자 이브 코팡이 '우리의 세계'의 기원과 역사에 대해 질문하고 답하는 형식으로 최신 과학적 사실에 근거하여 역사의 주요한 단면을, 그러면서도 일관된 흐름을 매우 체계적으로 기술하고 있는 책이다. 전문적인 지식과 낯선 개념들에도 불구하고 138억 년에 걸친 우주의 역사, 45억 년에 걸친 지구의 역사, 300~500만 년에 걸친 인간의 역사를 짧은 분량에 압축하여, 더할 수 없이 친절하게 거대한 역사의 중요한 전환적 국면들을 명료하게 전개시킨다. 주체할 수 없이 많은 정보들을 이토록 잘 분류하고 정리하여 집중적으로 이해할 수 있게 해 주는 필자들의 능력이 놀랍다. 그들은 매우 적절한 비유와 순진할 만큼 근본적인 질문으로 우리를 곧바로 문제의 핵심으로 데려간다.

왜 아무것도 없지 않고 무엇인가가 있는 것일까? 생명의 출현은 이 시나리오의 전개 속에 포함되어 있었을까? 어떻게 물질에서 생명이 태어났을까?

"흔히 오랫동안 믿어 온 것과는 다르게 생명은 대양에서 출현하지 않았습니다. 그보다는 낮에는 건조하고 따뜻하며 밤에는 차고 습한, 건조했다가 습해지는 석호와 늪지 같은 장소에서 출현했을 가능성이 더욱 높습니다. (…) 진흙 앞에서 유명한 '염기'들은 자발적으로 결합하고, 그것이 미래의 유전자 정보 매체의 단순화된 형태인 작은 핵산 사슬이 됩니다."

"생명이 진흙에서 태어났다니요! 우주의 기원에 관하여 과학이 주장하는 것과 오래전부터 전해져 오던 신앙 사이에서 놀라울 정도의 유사함을 찾아냈군요. 많은 신화에서 생명은 물과 진흙에 기원을 두고 있다고 이야기하죠."

인간의 사고에는 나중에 과학적으로 확인될 수 있는 단순 직관이라도 있는 것일까. 인간의 기원에 관해 종교와 과학이 갖는 이 유사성이 놀랍다. 이 사실에서 개체로 살다가 사라져 간 모든 인류의 숨결이 느껴지는 듯하다. 생명의 세계가 물질의 진화의 결과이고 우연의 산물이 아니라면, 어떻게 그 진화는 생명과 분리불가능한 동반자, 즉 죽음을 창조했을까?

"죽음은 원자와 분자, 그리고 자연이 계속해서 발달하는 데 필요한 무기염을 순환시킵니다. 죽음은 원자들을 재활용될 수 있게 합니다. 이 원자들의 수는 빅뱅 이후 변하지 않고 일정하죠. 죽음 덕분에 동물의 생명은 재생될 수 있는 것입니다."

"그렇다면 인간을 어떻게 정의할 수 있습니까? 의식? 아니면 사랑?"

"감정이 확실합니다. 하지만 무엇보다 인간은 죽음에 대한 의식을 통해 정의할 수 있습니다. (…) 각자가 유일하고 무엇으로도 대체될 수 없으며, 존재의 소멸은 돌이킬 수 없는 드라마임을 깨닫는 것, (…) 이것이 자의식, 타인에 대한 의식, 환경과 시간에 대한 의식을 포괄하는 것은 명백합니다."

존재했던 모든 것은 죽음이란 현상을 통해 원자의 형태로 끊임없이 재활용된다. 지구를 구성했던 물질은 별들 사이의 우주 공간으로 되돌아가 나중에 새로운 별들을 구성하는 데 사용되거나 행성들을 만드는 데 사용될 수도 있다. 새로운 생명을 조직하는 데도 그 원자들이 쓰이지 않을 이유가 없다.

〈어디서 무엇이 되어 다시 만나랴〉, 김환기 화가가 그의 작품에 붙인 이 제목은 먼저 세상을 떠난 친구, 시인 김광섭의 시 〈저녁에〉의 마지막 구절이다. "저렇게 많은 중에서 / 별 하나가 나를 내려다본다 / 이렇게 많은 사람 중에서 / 그 별 하나를 쳐다본다 / 밤이 깊을수록 / 별은 밝음 속에 사라지고 / 나는 어둠 속에 사라진다 / 이렇게 정다운 / 너 하나 나 하나는 / 어디서 무엇이 되어 / 다시 만나랴."(〈저녁에〉) 김환기는 친구였던 시인 김광섭이 세상을 떠난 뒤 고향에 대한 그리움, 상실의 슬픔과 혼자 남은 외로움을 밤하늘을 나타내는 짙은 푸른색 바탕에 무한히 찍은 검푸른 점들로 표현했다. 그 점 하나하나가 시인 윤동주가 노래한 별 하나하나와 다르지 않다. 〈별 헤는 밤〉, "별 하나에 추억과 / 별 하나에 사랑과 / 별 하나에 쓸쓸함과 / 별 하나에 동경과 / 별 하나에 시와 / 별 하나에 어머니, 어머니. (…) 나는 무엇인지 그리워 / 이 많은 별빛이 내린 언덕 위에 / 내 이름자를 써 보고 / 흙으로 덮어 버리었습니다."(〈별 헤는 밤〉)

우리가 밤하늘과 별을 바라보며 느끼는 근원을 알 수 없는 그리움과 슬픔이, 죽음이 생명의 원리라는 것을 과학이 설명하기 전에 알아차린 인간의 본능적 직관 때문이라니 참으로 놀랍다. 여기서 밤하늘의 별을 바라보는 '나'는 그것들이 머나먼 과거에 나와 인연을 맺었을지도 모를 누군가 또는 무엇일 수 있다고 느끼는 것일까. 우주와 지구와 생명의 역사가 아름답다고 여겨지고, 그 무심함이 우리에게 위안을 주는 이유일 듯하다.

인간이란 무엇인가? 이 책의 대화를 따라 우주, 지구, 인간의 역사를 알아가면서 자연스럽게 맞닥뜨리고 사유하게 되는 질문이다. 어디에서도 철학적 논의를 펼치지 않지만 세 과학자들의 대화는 우리를 곧바로 거대한 관점에서 깊은 인문학적 사유로 이끌어 간다. 인간의 지성이 발명되고 문명을 이룬 이래 인간은 끊임없이 나는 누구인지 혹은 인간은 무엇인지 물어 왔다. 이 질문은 당장은 나의 정체성에 대한 물음이지만, 곧 인간의 기원과 본질에 관한 질문이고, 인간에게 가능한 미래에 대한 질문이 된다. 그리고 그 질문은 지구 환경, 나아가 우주의 미래에 대한 질문과 직결된다. 이 책은 이 기나긴 여정 속에서 현재 우리가 와 있는 지점은 '어디'인지, 앞으로 나아갈 방향은 어디인지, 왜 그것을 모두가 정말 진지하게 고민해야 하는지 매우 유의미한 질문들을 이끌어 낸다.

생명의 진화에서 엄청나게 다양한 존재들이 등장하고 사라졌다. 그중 살아남아 진화를 계속 이어온 존재들 중 인간이 매우 특별한 자리를 차지한 것은 분명해 보인다. 진화에는 어떤 의미가 있는 것일까. 필자들의 결론은 '없다'이다. 진화는 가장 잘 적응한 것들이 아니라 가장 운이 좋은 것들을 보존했다고, 인간은 그중 가장 운이 좋은 존재였다고, 따라서 세계의 역사에 우리가 궁극적으로 추구해야 할 주어진 의도는 없다고 그들은 말한다. 생명의 진화는 우리가 원하는 진보가 아니라는 말이다. 자연이 발명해 낸 종들과 다양한 생존의 해법들 중 압도적인 다수는 사라졌다. 그 이유에 대해 우리가 알 수 있는 것은 그 다양한 시도들이 환경에 적응하지 못하면 사라졌다는 것, 환경 또한 변한다는 것, 적자생존이 폭력적으로 이루어지지 않았다는 것 정도이다. 무심한 자연, 무심한 진화, 그 무심함을 통해 인간이 얻을 수 있는 지혜는 무엇일까?

우리 세계의 미래는 어떠할까? 다음 천년 동안 인류는 어떤 세계를 만들어 갈까? 과학자들은 물리적 진화, 생물학적 진화, 기술적·사회적 진화를 거쳐 현재 우리가 문화적 진화의 단계에 들어섰다고 진단한다. 지구는 공동체가 되었다. 이는 생명의 출현에 비견할 만한 급격한 변화다. 생물의 세계와 인간이 만들어 낸 산물들을 포괄하고, 우리 자신이 바로 구성 세포가 될 전 지구적인 거대한 유기체가 탄생하려는 것이다. 인터넷을 배아로 가진 신경체계와 물질을 재활용하는 신진대사 과정을 가질 신인류……. 지금까지 생명이 진화하여 인간이 출현했던 것처럼 신인류는 진화할 수 있을까. 신인류가 안정성을 가진다는 것은 진화가 진행을 멈춘다는 것을 의미한다. 인간은 지금까지 확장해 온 자유로운 능력으로 그 불안정성을 극복할 수 있을까? 세계의 이 아름다운 역사는 계속될 수 있을까? 우리는 우리 자신의 능력과 공존할 수 있을까?

"이 마지막 막이 우리에게 가르쳐 주는 것은 무엇보다 우리가 유일한 기원을 가지고 있다는 사실, 우리는 모두 300만 년 전에 태어난 아프리카 출신들이라는 사실입니다. 이를 통해 우리는 유대감을 가질 수 있을 것입니다. 또한 자연에 맞선 오랜 투쟁 이후에, 인간이 천천히 타고난 모든 조건에 맞서 강하게 자기수양을 함으로써 동물의 세계에서 벗어났다는 사실을 환기해야 합니다. 오늘날 우리는 놀라울 정도로 자유롭습니다. 유전자를 조작하고 시험관 아기를 만듭니다. 그런데 또한 매우 취약합니다. (…) 오늘날 우리에게 존엄성과 책임감을 갖게 한 저 불안정한 자유를 획득하는 데에 우주와 생명과 인간의 진화 전체가 필요했습니다. 지금 우리가 우리의 우주적, 동물적 그리고 인간적 기원에 대해 의문을 갖는 것은, 우리를 거기서 더 잘 빠져나오게 하려는 것입니다."

우리 모두가 외면할 수도 회피할 수도 없는 이 질문들은 인간과 지구와 우주, 즉 우리의 모든 것과 직결되어 있다. 극히 미세한 점에 불과한 우리 존재가 이 거대한 질문에 책임을 지고 있다는 사실을 직시해야 하는 이 시점에 이 책을, 나는 참 운 좋게 만났다.

2019년 2월
문경자

모든 것의 시작에 대한 짧고 확실한 지식
우주, 생명, 인간은 어떻게 시작되었을까?

1판 1쇄 인쇄 2019년 1월 30일
1판 1쇄 발행 2019년 2월 12일

지은이 위베르 리브스, 조엘 드 로스네, 이브 코팡, 도미니크 시모네 | 옮긴이 문경자
편집 백진희 김혜원 | 표지 디자인 가필드

펴낸이 임병삼 | 펴낸곳 갈라파고스
등록 2002년 10월 29일 제2003-000147호
주소 03938 서울시 마포구 월드컵로 196 대명비첸시티오피스텔 801호
전화 02-3142-3797 | 전송 02-3142-2408
전자우편 galapagos@chol.com
ISBN 979-11-87038-40-5 (03400)

이 도서의 국립중앙도서관 출판예정도서목록(CIP)은 서지정보유통지원시스템 홈페이지
(http://seoji.nl.go.kr)와 국가자료종합목록시스템(http://www.nl.go.kr/kolisnet)에서 이용
하실 수 있습니다. (CIP제어번호 : CIP2019002888)

갈라파고스 자연과 인간, 인간과 인간의 공존을 희망하며, 함께 읽으면 좋은 책들을 만듭니다.